E. Bompiani (Ed.)

Equazioni differenziali non lineari

Lectures given at the
Centro Internazionale Matematico Estivo (C.I.M.E.),
held in Varenna (Como), Italy,
September 15-24, 1954

 Springer

C.I.M.E. Foundation
c/o Dipartimento di Matematica "U. Dini"
Viale Morgagni n. 67/a
50134 Firenze
Italy
cime@math.unifi.it

ISBN 978-3-642-10885-3   e-ISBN: 978-3-642-10886-0
DOI:10.1007/978-3-642-10886-0
Springer Heidelberg Dordrecht London New York

Printed on acid-free paper

Springer.com

CENTRO INTERNATIONALE MATEMATICO ESTIVO
(C.I.M.E)

Reprint of the 1st ed.- Varenna, Italy, September 15-24, 1954

EQUAZIONI DIFFERENZIALI NON LINEARI

J.L.Massera: Théorie de la stabilité 1

W.Wasow: Asymptotic properties of non-linear analytic
                    differential equations 67

G. Sansone: Questioni sulle equazioni non lineari 119

D. Graffi: Questioni varie sulle oscillazioni non lineari 167

G. Aymerich: Oscillazioni periodiche ed isteresi oscillatoria
                    di un sistema di Rocard a due gradi di libertà 201

G. Colombo: Sui sistemi autonomi di ordine superiore al secondo 211

R. Conti: Studio di un sistema piano autonomo non lineare
                    dipendente da un parametro 239

Introduction.

1. Nous allons considérer des équations différentielles
(systèmes) de la forme $\dot{x} = \dfrac{dx}{dt} = f(x,t)$. Dans la plupart
des cas x représentera ici un vecteur (colonne) dans un
espace euclidien réel E_n à n dimensions avec la norme usuel
le $\|x\| = \sqrt{x_1^2 + \ldots + x_n^2}$ où x_i sont les composants de x;
mais plusieurs théorèms sont valables dans des conditions
plus générales, où x est un vecteur appartenant à un espace linéaire convenable, par exemple, à un espace de Banach.
Nous désignons par $S_n(a)$ (ou simplement S_n) une sphère
(boule) $\|x\| < a$, où a est un nombre positif t représente
une variable scalaire (temps), $-\infty < t < +\infty$; cependant
dans la plupart des théorèms, il suffit de considérer les
valeurs non-negatives de t. Nous représentons par J et
J+, respectivement les intervalles $-\infty < t < +\infty$ et $0 \leqslant t < +\infty$.
f est une fonction vectorielle de l'espace $E_n \times J$ (ou $E_n \times J^+$)
(ou bien de $S_n \times J$ ou de $S_n \times J^+$) dans l'espace E_n;
l'équation $\dot{x} = f(x,t)$ est donc une représentation abregée
du système d'ordre n

$$\dot{x}_1 = f_1(x_1, x_2, \ldots, x_n, t)$$
$$\cdots\cdots\cdots\cdots\cdots\cdots\cdots$$
$$\dot{x}_n = f_n(x_1, x_2, \ldots, x_n, t) \ .$$

Nous admettrons que f est continue et satisfait en outre
à des hypothèses de régularité suffissantes pour assurer
l'existence, unicité et dépendance continue des solutions
par rapportaux conditions initiales,c'est à dire:
Si x_0 est un point quelconque de S_n et t_0 un nombre
quelconque appartenant à J (ou a J^+), il existe dans un
certain intervalle $t_1 < t < t_2$, où $t_1 < t_0 < t_2$, une et une
seule solution x(t) de l'équation $\dot{x} = f(x,t)$ que satisfait

aux conditions initiales $x(t_0) = x_0$ et qu'on peut répre-
senter par $x(t) = F(t,x_0,t_0)$, où $F(t_0,x_0,t_0) \equiv x_0$.
Pour de petites variations des arguments x_0,t_0 la fonction
F existe dans l'intervalle $t_1 < t < t_2$ et dépend continûment
de x_0,t_0.
Nous dirons, que la solution $F(t,x_0,t_0)$ existe dans l'ave-
nir(dans le passé)si elle existe pour tout $t \geqslant t_0$ $(t \leqslant t_0)$.
Pour étudier l'allure des courbes intégrales dans le voi-
sinage d'une solution $x(t)$ qu'existe dans l'avenir (et dans
le passé) on peut toujours supposer que c'est la solution
$x = 0$, c'est à dire que $f(0,t) \equiv 0$ pour $t \in J^+$ (pour $t \in J$),
parce qu'on réduit le cas général au cas spécial moyennant
le changement de variable $y=x-x(t)$; c'est ce que nous
ferons toujours dans la suite.
Supposons donc que $F(0,t) \equiv 0$. Alors $F(t,x_0,t_0)$ est définie
pour un intervalle de la variable t aussi grand qu'on
voudra pourvu que x_0 soit assez petit (t_0 quelconque) et
$F(t,x_0,t_0) \to 0$ lorsque $x_0 \to 0$ (t et t_0 fixes).
Nous dirons que la solution $x=0$ est <u>stable</u> (Liapunov)
si, pour chaque t_0 fixe, et pour x_0 assez petit, la fonction $F(t;x_0,t_0)$ existe dans l'avenir et tend <u>uniformément</u>
(par rapport a $t \geqslant t_0$) vers zéro lorsque $x_0 \to 0$. C'est à
dire, si on donne t_0 et $\varepsilon > 0$, on peut trouver un $\delta > 0$
tel que
$$\|x_0\| < \delta \implies \|F(t,x_0,t_0)\| < \varepsilon \qquad \text{pour } t \geqslant t_0.$$

δ dépend, en général, non seulement de ε mais aussi
de t_0; cependant il résulte immédiatement de la continuité de F par rapport à x_0 que si la condition de stabilité
est satisfaite pour un certain t_0 elle l'est automatique-
ment pour n'importe quelle autre valeur de t_0(mais, en général, avec un δ différent).

La distinction entre continuité et stabilité dépend en
fin de comptes de la topologie qu'on adopte dans l'espace
des solutions. Supposons que, pour t_0 fixe et x_0 assez
petit, $F(t,x_0,t_0)$ existe toujours dans l'avenir. Alors
on peut considérer les deux topologies suivantes dans
l'espace des solutions: a) une topologie faible, c'est à
dire, on donne un nombre fini de valeurs $t_i > t_0$ et de
nombres $\varepsilon_i > 0$ et on définit le voisinage de la solution
$x=0$ par les inégalités $\| F(t_i,x_0,t_0) \| < \varepsilon_i$; b) une
topologie forte (uniforme) où le voisinage de $x=0$ est
défini par $\|F(t,x_0,t_0)\| < \varepsilon$ pour tout $t > t_0$, $\varepsilon > 0$ étant
donné. Pour la topologie faible il y a toujours continui-
té par rapport à x_0; pour la topologie forte la continuité par rapport à x_0 n'est pas autre chose que la stabilité.
On peut noter que (dans l'espace des solutions d'une équation différentielle) la topologie forte dans un intervalle
fini coincide avec la topologie faible; mais il n'est pas
ainsi, en général, dans J^+.
On dira que $x=0$ est instable si elle n'est pas stable.
On dira que $x=0$ est asymptotiquement stable si elle est
stable et en outre $\lim_{t \to +\infty} F(t,x_0,t_0)=0$ pour tout $t_0 \in J^+$
$x_0 \in S_n(\delta_0)$ où δ_0 est un certain nombre positif.
Il ne faut pas confondre ces notions de stabilité avec
autres qui ont été formulées (stabilité à la Poisson,etc.)
Il est peut être inutile d'insister sur l'importance de
la notion de stabilité. Etant donné qu'on ne peut jamais
connaître les conditions initiales qu'avec un certain degré d'approximation, pour que la représentation d'un
phénomène physique comme solution d'un système différentiel
ait vraiment un sens, il faut que l'écart entre la solution
théorique et la solution approximative soit petit lorsque

les écarts initiaux sont petits, c'est à dire, que la
solution soit stable. Considérons plus spécialement le
cas d'un servomécanisme S chargé de maintenir un régime
determiné de fonctionnement d'un appareil quelconque A;
on exige alors en général que les perturbations acciden-
telles soient annullées par l'action du servo, c'est à
dire, que le régime en question soit asymptotiquement
stable par le système (S,A).

2. Supposons que le système différentiel soit autonome
($f(x,t)$ ne dépend pas de t) ou plus généralement périodique ($f(x,t + \tau) \equiv f(x,t)$). On a alors évidemment
$F(t+\tau, x_0, t_0+\tau) \equiv F(t,x_0,t_0)$. Ceci permet de définir
une transformation topologique $\Theta : E_n \rightarrow E_n$ par $\Theta x_0 =$
$= x_1 = F(\tau, x_0, 0)$, avec la proprieté $\Theta^m x_0 = x_m =$
$= F(m\tau, x_0, 0)$ pour chaque entier positif m.
Le point $x=0$ est un point fixe pour Θ et on peut voir
facilement que la solution $x = 0$ du système différentiel
est stable, instable ou asymptotiquement stable selon que,
respectivement, a) $\|\Theta^m x_0\| < \varepsilon$ pour chaque m entier positif
et $\|x_0\| < \delta$ (on dit alors que le point fixe est stable);
b) on ne peut pas trouver $\delta > 0$ tel que la condition précédente soit remplie (le point fixe est alors instable);
ou c) la condition a) est remplie et en outre $\Theta^m x_0 \rightarrow 0$
pour chaque $\| x_0 \| < \delta_0$ lorsque $m \rightarrow +\infty$ (le point fixe est
alors asymptotiquement stable).
Dans les cas mentionnés on peut donc réduire le problème
de la stabilité du système différentiel au problème de la
stabilité d'un point fixe d'une transformation topologique.
La formulation topologique plus abstraite permet d'embras-
ser d'un seul coup d'autres problèmes du même type rélatifs
à des équations aux différences finies , à des équations

intégrals, etc.

On doit signaler cependant que cette réduction est possible d'une façon naturelle seulement dans le cas de systèmes autonomes et périodiques.

Nous n'utiliserons pas cette voie topologique dans ce cours.

3. La notion de stabilité a été étudiée depuis longtemps. Déjà Lagrange (Mécanique Analitique, 1788) demontra un théorème fondamental sur la stabilité de l'équilibre d'un système matériel (cas autonome). Plus tard Routh (1877), Thompson et Tait (1879), Zukovskiĭ (1882) se sont occupés de problèmes de stabilité de plus en plus généraux, mais c'est Poincaré (1881) qui le premier, dans le célèbre mémoire "Sur les courbes définies par les équations différentielles", donne des démonstrations rigoureuses de théorème sur la stabilité.

Poincaré a considéré seulement quelque cas particulier du problème et c'est Lyapunov dans son remarquable mémoire "Problème général de la stabilité du mouvement "(1892) $[24]$ qui pose le problème en toute sa généralité et en donne la solution complète dans les cas les plus importants. Le mémoire de Lyapunov a inspiré les travaux d'un grand nombre de mathématiciens contemporains, particulièrement de l'école soviétique, qui ont fait progrésser la théorie considérablement dans les dernièrs années. Les applications de cette théorie aux problèmes de régulation automatique et à d'autres questions qui ont une énorme importance pratique est sans doute un stimulant puissant pour ces études.

4. Considérons d'abord le cas très particulier où $f(x,t)$ est indépendante de t (système autonome) et linéaire en x, c'est à dire le système est linéaire à coefficients constants: $\dot{x} = A\,x$ où A est une matrice constante.

On connaît alors l'expression analytique des solutions
ce qui permet de décider par simple inspection sur la sta
bilité de la solution x=0. Le résultat qu'on peut énoncer
est le suivant:

La condition nécéssaire et suffissante pour que la solution
x=0 (ou, en réalité, n importe quelle solution) soit stable est que toutes les racines caractéristiques de la ma-
trice A (racines de l'équation $|A - \lambda I|$ =0, où I est
la matrice unité et le symbole $|M|$ désigne le déterminant
de la matrice M) aient partie réelle ≤ 0, et que celles qui
sont imaginaires pures soint simples ou, plus généralement,
qu'elles correspondent à des diviseurs élémentaires linéai
res (c'est à dire que la partie correspondante de la forme
canonique de Jordan soit diagonale pure). Pour que la
stabilité soit asymptotique il faut et il suffit que les
parties réelles de toutes les racines caractéristiques
soient < 0.

Etant donné que la stabilité est une propriété locale,
on peut espérer que le problème de la stabilité de la solution x=0 d'une système non-linéaire $\dot{x} = f(x,t)$ pourra
être réduit au problème beaucoup plus simple de la stabilité du système linéaire correspondant à la "première
approximation", c'est à dire, du système $\dot{x} = A(t) x$ où
A(t) est la matrice jacobienne de f par rapport à x, cal-
culée pour x=0. Dans les cas les plus simples, cette
question de la "stabilité en première approximation" se
résoud par l'affirmative; on peut, par exemple, démonstrer
très facilement le théorème suivant:

Si la matrice A(t) de la première approximation ne dépend
pas, en réalité, de t et si les racines caractéristiques
ont des parties réelles négatives (ou, ce qui revient à
la même chose, d'après le théorème précédent, si la solu-

tion x=0 du système $\dot{x}$ = A x est asymptotiquement stable),
alors la solution x=0 du système $\dot{x}$ = f(x,t) est asymptotiquement stable; si au moins une des racines caractéristiques a une partie réelle positive , la solution x=0 du
système non linéaire est instable.
C'est le genre de théorèmes démontrés par Lagrange, Routh
et Poincaré. De là l'utilité pour les applications aux
problèmes de stabilité des méthodes de Hurwitz qui permet-
tent de décider sur le signe des parties réelles des racines d'une équation algébrique.
Cependant, dans des cas moins simples, par exemple, s'il
y a des racines caractéristiques imaginaires pures o bien
si la matrice A(t) dépend effectivement de t, les choses
se compliquent beaucoup, et il peut se faire que le compor-
tement, du point de vue de la stabilité, de la solution
x=0 des deux systèmes $\dot{x}$ = f(x,t) et $\dot{x}$ = A(t) x soit opposé,
c'est à dire qu'elle soit stable pour l'un des systèmes
(et même asymptotiquemant stable) et instable pour l'autre.
On peut donner immédiatement des exemples très simples
pour illustrer quelques unes de ces situations.
Il faut, donc disposer de théorèmes plus puissants sur la
stabilité en général et, en particulier, sur la stabilité
en première approximation. Nous étudierons dans la première partie de ce cours des méthodes et théorèmes généraux
sur la stabilité et, dans la seconde partie, la stabilité
en première approximation, précedée de l'étude de la stabilité des systèmes linéaires. Etant donné le temps très
court dont nous disposerons , nous laisserons entièrement
de côté, des questions aussi importantes que la stabilité
des systèmes linéaires à coefficients périodiques et l'étude des cas critiques, qui pourraient faire,   elles seules,
l'object d'un cours de la même ou ancore plus grande
extension.

- Première partie - <u>THÉORÈMES GÉNÉRAUX</u> -

5. Considérons un système differentiel

$$(5.1) \qquad \dot{x} = f(x,t)$$

où f est définie au moins dans la région $S(a) \times J^+$,
$a > 0$, et $f(0,t) = 0$.
Nous ferons une remarque préliminaire: On peut toujours
supposer que f est définie dans tout l'espace $E_n \times J$ et,
que les solutions de (5.1) existent dans le passé et dans
l'avenir. S'il n'en était pas ainsi pour le système (5.1),
considérons le système

$$(5.2) \qquad \dot{x} = g (x,t)$$

où $g \equiv f$ lorsque $\|x\| < a - \varepsilon$ et $t \geqslant \varepsilon$ (ε étant un
nombre positif aussi petit qu'on voudra), et $g = 0$ lorsque
$\|x\| > a$ ou bien lorsque $t < 0$: dans les régions $\|x\| \leqslant a$,
$0 \leqslant t < \varepsilon$, et $a - \varepsilon \leqslant \|x\| \leqslant a, t \geqslant \varepsilon$, g pourra être quelconque, pourvu qu'elle soit suffisamment régulière. Il est
évident alors que les solutions de (5.2) existent dans
le passé et dans l'avenir (elles sont même des constantes
au moins pour $t < 0$ et pour $\|x\| \geqslant a$) et d'autre part les
propriétés de stabilité des solutions $x=0$ de (5.1) et
(5.2) sont identiques, puisqu'elles sont des propriétés
locales. On peut même garder des propriétés importantes
du système (5.1) en modifiant légèrement la définition de
g; par exemple, si f est périodique (par rapport a t) on
peut prendre $g(x,t) \equiv f(x,t). h(x)$ où $h(x)$ est une fonction
suffisamment régulière qui est = 1 pour $\|x\| < a - \varepsilon$ et
=0 pour $\|x\| > a$.

Les remarques précédentes ne s'appliquent pas pour des
types spéciaux de stabilité " im grossen ", et quelques
fois nous serons obligés d'introduire explicitement
l'hypothèse d'existence des solutions dans le passé
(Cfr. par exemple, théorème 12.4).

6. Supposons par exemple que la solution x=0 soit stable.
Alors l'ensemble des points (x,t) où $x=F(t,x_0,0)$, $t \geqslant 0$
et $\| x_0 \| = r$, r étant un nombre positif quelconque assez
petit, constitue un "tube" dans l'espace $E_n \times J^+$, c'est à
dire une n-variété V_r (hypersurface) avec les trois propriétés caractéristiques suivantes: a) pour chaque $T \geqslant 0$,
l'intersection de V_r avec le plan $t=T$ est une $(n-1)$-sphère
topologique (c.à d., homéomorphe à la sphère $\| x \| = 1$ de
l'espace E_n) qui sépare dans le plan $t=T$ le point $(0,T)$
des points (x,T) où $\| x \| = a$;   b) pour chaque $\varepsilon > 0$ on peut
trouver un $\delta > 0$ tel que, si $r < \delta$, V_r est contenu dans
le cylindre $\| x \| = \varepsilon$ de l'espace $E_n \times J$;   c) les vecteurs
f ne "sortent" pas de V_r (on peut dire aussi qu'ils
 "pénètrent à l'intérieur de V_r au sens large";   en réalité dans le cas consideré ils sont toujours tangents à V_r).
On peut exprimer ces faits dans un langage analytique de
la façon suivante: il existe une fonction scalaire $V(x,t)$
(à savoir la fonction $V(x,t) = \| x_0 \|$ où x_0 est le "point
initial" de (x,t), $x_0=F(0,x,t)$, $x =F(t,x_0,0)$) telle que:
d) $V(x,t)$ s'annulle pour $x=0$ et est une fonction définie
positive , c.à d. pour chaque $\alpha > 0$ il existe un $\beta(\alpha) > 0$
tel que $\| x \| \geqslant \alpha$, $t \geqslant 0$, entraîne $V(x,t) \geqslant \beta(\alpha)$:
e) La derivée de V le long des trajectoires $dV/dt = (\partial V / \partial t) +$
$+ (\partial V / \partial x).f(x,t)$ (où $\partial V / \partial x$ répresente le gradient
de V par rapport à x, consideré comme vecteur colonne, et
le point . désigne le produit matriciel, ici simplement
le produit scalaire) est ≤ 0 (plus précisement $\equiv 0$ dans

le cas présent). En effet, l'hypersurface $V(x,t)=r > 0$
n'est pas autre chose que V_r; les propriétés a) et b) de
V_r découlent de la propriété d) de V (il suffit de prendre
$\delta = \beta (\varepsilon)$) et la propriété c) est une conséquence immédiate de e). Réciproquement: si le faisceau d'hypersur-
faces $V(x,t) =r$ est un système de tubes ayant les proprié
tés a) b) et c), la fonction V possède les propriétés
d) et e).

Il est immédiat aussi que s'il existe un système de tubes V_r avec les propriétés a) b) et c) ou, ce qui revient
au même , s'il existe une fonction $V(x,t)$ avec les propriétés d) et e), la solution $x=0$ du système $\dot{x}=f(x,t)$ est
stable. Nous avons ainsi démontré les deux théorèmes suivants, le premier lesquels est dû a Lyapunox et le second
a Persidskii. $\left[36\right]$.

6.1. S'il existe une fonction $V(x,t)$, $V(0,t)\equiv 0$, définie
positive et telle que $dV/dt=(\partial V /\partial t)+ (\partial V /\partial x).f(x,t)\leq 0$,
la solution $x=0$ du système $\dot{x} =f(x,t)$ est stable.
6.2. Si la solution $x=0$ du système $\dot{x}=f(x,t)$ est stable,
il existe une fonction $V(x,t)$, $V(0,t) \equiv 0$, définie positi
ve et telle que $dV/dt \leq 0$ (à savoir $V(x,t)= \| F(o,x,t)\|$).
Dans le cas où V ne dépend pas en réalité de t, on peut
considérer $V(x)$ comme une nouvelle norme du vecteur x
dans E_n; les tubes V_r sont alors des cylindres (sphères
dans E_n) et $dV/dt \leq 0$ exprime que la norme de la solution
ne droît pas lorsque t croît, ce que rend le théorème 6.1
complétement intuitif dans ce cas. Cependant, ainsi que
l'a montré Malkin $\left[26\right]$, même dans le cas des systèmes autonomes $\dot{x} =f(x)$ stables il n'existe pas toujours une
fonction $V(x)$ dépendant de x seulement qui satisfasse aux
conditions du théorème 6.1.

Une conséquence immédiate de 6.1 est le théorème de
Lagrange:

6.3. Si la fonction de forces est maximum pour une position d'équilibre d'un système dynamique conservatif, l'é-
quilibre est stable.

En effet, si T est l'énergie cinétique et U la fonction
de forces, qu'on peut supposer nulle dans la position
d'équilibre, U sera définie négative par rapport aux
coordonnées lagrangiennes $p_1, \ldots, p_n$ et T définie positive par rapport aux moments $q_1, \ldots, q_n$, de sorte que
l'énergie totale H=T-U est définie positive par rapport
à l'ensemble des coordonnées, s'annulle dans la position
d'équilibre et dH/dt= 0. Il suffit alors de prendre V=H
dans 6.1.

Plus généralement:

6.4. Si un système dynamique est dissipatif (c.à d.,
l'énergie du système ne croît pas le long des trajectoires)
les solutions pour lesquelles l'énergie a un minimum relatif sont stables.

7.Les mèmes méthodes conduisent aux théorèmes suivants
sur la stabilité asymptotique et sur l'instabilité.
Nous dirons que la fonction $V(x,t)$ a une borne supérieure
infinément petite si lorsque $x \to 0$ elle tend vers 0
uniformément par rapport à $t \in J^+$, c.à d. si pour chaque
$\varepsilon > 0$ il existe un $\delta > 0$ tel que $\|x\| < \delta$ entraîne
$|V| < \varepsilon$ pour tout $t + J^+$. Du point de vue géométrique cela
veut dire que le tube V_ε contient dans son intérieur pas
seulement l'axe x=0 mais tout un cylindre $\|x\| = \delta'$,
$0 < \delta' < \delta$.

7.1. (Lyapunov) S'il existe une fonction $V(x,t)$ définie positive, possédant une borne supérieure infiniment petite, et telle que dV/dt soit définie négative, alors la solution $x=0$ est asymptotiquement stable.

Soit $\delta_o > 0$ tel que (Théorème 6.1) $\|x_o\| < \delta_o$ entraîne $\|F(t,x_o,0)\| < a$ pour tout $t \geqslant 0$. Puisque $V(x,t)$ décroit le long de la trajectoire, cette fonction aura une limite V_∞. Si $V_\infty > 0$ on aurait $\|x\| \geqslant \varkappa > 0$ le long de la trajectoire, d'où $dV/dt \leqslant -\beta < 0$ ce qui conduirait à l'absurde $V_\infty = -\infty$. Donc $V_\infty = 0$ et $x \to 0$.

7.2 (Maračkov [30]). Si f est bornée dans $S_n \times J^+$ et s'il existe une fonction $V(x,t)$ définie positive telle que dV/dt soit définie négative, la solution $x=0$ est asymptotiquement stable.

Supposons qu'il ne soit pas ainsi, c'est à dire, qu'il existe un x_o, $\|x_o\| < \delta_o$ et une suite $t_n \to +\infty$ tels que $\|x_n\| = \|F(t_n,x_o,0)\| \geqslant \varkappa > 0$. f étant bornée, il existe un $\tau > 0$ indépendant de n tel que $\|F(t,x_o,0)\| \geqslant \frac{\varkappa}{2}$ pour $t_n - \tau \leqslant t \leqslant t_n + \tau$.

Il en résulte $dV/dt \leqslant -\beta < 0$ dans ces intervalles, d'où le même absurde $V_\infty = -\infty$ que dans la démonstration précedente.

7.3 (Corollaire) Si le système est autonome ou périodique et s'il existe une fonction $V(x,t)$ définie positive telle que dV/dt soit définie négative, la solution $x=0$ est asymptotiquement stable.

7.4 (Lyapunov) S'il existe dans $S_n(a) \times J^+$ une fonction $V(x,t)$ possédant une borne supérieure infiniment petite; si, pour un certain $t_o \geqslant 0$, $V(x,t_o)$ prend des valeurs positives pour des x arbitrariement petits, et si dV/dt est définie positive, alors la solution $x=0$ est instable.

Soit x_0 tel que $V(x_0,t_0) = V_0 > 0$. Du fait que V a une
Borne supérieure infiniment petite il s'ensuit qu'il
existe un $\varepsilon > 0$ tel que $V(x,t) \geqslant V_0$ entraîne $\|x\| \geqslant \varepsilon$.
Mais, puisque $dV/dt > 0$, on aura précisement $V(x,t) \geqslant V_0$
le long de la trajectoire avec point initial (x_0,t_0),
pour $t \geqslant t_0$; alors $dV/dt \geqslant k > 0$ ce qui entraînerait
$V_\infty = +\infty$ si la solution $x=F(t,x_0,t_0)$ ne sortait pas de
$S_n(a)$. V étant borné dans $S_n(a) \times J^+$, toutes les solutions partant de points (x_0,t_0) tels que $V(x_0,t_0) > 0$
sortent donc de $S_n(a)$ et puisque x_0 peut être pris
arbitrairement petit, ceci démontre l'instabilité.

7.5. (Lyapunov) S'il existe dans $S_n(a) \times J^+$ une fonction
$V(x,t)$ bornée telle que, pour un certain $t_0 \geqslant 0$, $V(x,t_0)$
prend des valeurs positives pour des x arbitrairement
petits; si $dV/dt = \alpha V+W$ ou α est une constante
positive et $W=W(x,t) \geqslant 0$ dans $S_n(a) \times J^+$, alors la solution $x=0$ est instable.

La démonstration commence comme pour 7.4. Du fait que,
le long de la trajectoire $dV/dt = \alpha V+W \geqslant \alpha V$, il s'ensuit
que $V(x,t) \geqslant V_0 \, e^{\alpha(t-t_0)}$ d'où $V_\infty = +\infty$ et la démonstration se termine comme auparavant.

On voit immédiatement qu'on peut remplacer l'hypothèse
α constante positive par $\alpha = \alpha(t)$, $\int^{+\infty} \alpha(t)dt = +\infty$.
Nous verrons dans la seconde partie que, si les racines
caractéristiques de la matrice, constante A ont leurs
parties réelles toutes négatives, ou bien, s'il y a une
racine au moins avec partie réelle positive, on peut
construire facilement une fonction V(que sera une forme
quadratique dans les composants de x) qui jouit des propriétés énoncées dans le théorème 7.1, respectivement
7.5. Le théorème sur la stabilité en première approxi-

mation énoncé au n° 4 est donc une conséquence des théorèmes que nous venons de démontrer.

Il est important de savoir si les conditions suffisantes
des théorèmes 7.1 et 7.5 sont assez générales, c'est à
dire si ces conditions sont aussi nécessaires pour la stabilité asymptotique et pour l'instabilité, respectivement
(nous avons vu déjà que ceci est vrai pour la question analogue rélative à la stabilité simple, le théorème 6.1
admettant le réciproque 6.2). Il n'en est pas ainsi en
général .

Par exemple, le système (ou l'équation, pour $n=1$)
$\dot{x} = - x/(t+1)$, a pour solution générale $F(t,x_0,t_0) =$
$= x_0(t_0+1)/(t+1)$, et $x=0$ est évidemment asymptotiquement
stable.

S'il existait une fonction $V(x,t)$ avec les propriétés du
théorème 7.1, pour chaque $\varepsilon > 0$ on trouverait deux nombres
positif δ et k tels que $\|x\| \leq \delta$ entraîne $0 \leqslant V(x,t) \leqslant \varepsilon$

$$\|x\| \geqslant \delta/2 \qquad \text{"} \qquad dV/dt \leq - k.$$

Prenons $t_0 \geqslant 0$ quelconque, $\|x_0\| = \delta$; dans l'intervalle
(t_0, t_1) où $t_1 = 2t_0 +1$ on a $\|x_0\| \geqslant \dfrac{\delta}{2}$, donc

$$V(x_1, t_1) - V(x_0, t_0) \leq - k (t_0 + 1)$$

d'où la contradiction $V(x_1,t_1) < 0$ pour $t_0 > \varepsilon/k$.
Donc, avant d'aborder le problème des conditions nécessaires il faut généraliser et préciser les résultats démontrés dans ce numéro. C'est ce que nous ferons dans les
numéros suivants.

8. Si dans la définition de stabilité donnée au numéro 1,
on suppose qu'on peut trouver un $\delta > 0$ indépendant de t_0,
on dira que $x=0$ est uniformément stable. c.àd. pour chaque
$\varepsilon > 0$ il existe un $\delta(\varepsilon) > 0$ tel que $\|x_0\| < \delta(\varepsilon)$, $t_0 \geqslant 0$
quelconque, entraîne $\|F(t,x_0,t_0)\| < \varepsilon$ pour $t \geqslant t_0$.

Analoguement, on peut définir la stabilité asymptotico-
-uniforme de la façon suivante; la solution x=0 est
asymptotico-uniformément stable lorsqu'elle est uniformément stable et il existe un $\delta_0 > 0$ fixe et, pour chaque
$\varepsilon > 0$, un $T(\varepsilon) > 0$ tels que pour chaque point initial
(x_0,t_0), $\|x_0\| < \delta_0$, $t_0 \geqslant 0$ quelconque, on aura
$\|F(t,x_0,t_0)\| < \varepsilon$ pour $t \geqslant t_0 + T(\varepsilon)$. Autrement dit, la
limite $F(t,x_0,t_0) \rightarrow 0$ pour $t \rightarrow +\infty$ est uniforme par
rapport à x_0 et t_0.

Persidskiǐ $\overline{[37]}$ et Malkin $\overline{[29]}$ ont demontré les théorèmes suivantes, dont le second précise beaucoup le théorè
me 7.1 de Lyapunov:

8.1 S'il existe une fonction V(x,t) définie positive,
ayant une borne supérieure infiniment petite et telle que
dV/dt $\leq$ 0, la solution x=0 est uniformément stable.
Etant donné $\varepsilon > 0$ il existe un $\eta > 0$ tel que $\|x\| \geqslant \varepsilon$
entraîne $V(x,t) \geqslant \eta$; puis il existe un $\delta > 0$ tel que
$\|x\| < \delta$ entraîne $V(x,t) < \eta$. Si $\|x_0\| < \delta$, $t_0 \geqslant 0$ quelconque, on aura $V(x_0,t_0) < \eta$ et puisque dV/dt $\leqslant$ 0,
$V(x,t) < \eta$ pour tout $t \geqslant t_0$, $x=F(t,x_0,t_0)$, d'où $\|x\| < \varepsilon$.

8.2. S'il existe une fonction V(x,t) définie positive,
ayant une borne supérieure infiniment petite et telle
que dV/dt soit définie négative, la solution x=0 est
asymptotico-uniformément stable.

La stabilité est uniforme d'après 8.1; il existe donc
un $\delta_0 > 0$ tel que $\|x_0\| < \delta_0$, $t_0 \geqslant 0$ quelconque, entraîne
$\|F(t,x_0,t_0)\| < \varepsilon_0$, ε_0 étant positif et $< a$; soit M une
borne de V(x,t) dans $S_n(\varepsilon_0) \times J^+$ qui existe toujours
pour ε_0 assez petit puisque V a une borne supérieure
infiniment petite. Dans la suite δ_0, ε_0 et M seront des
nombres fixes.

Etant donné $\varepsilon > 0$ $(\varepsilon < \varepsilon_0)$ il existe, d'après 8.1, un $\delta(\varepsilon) > 0$ tel que $\|x_0\| < \delta(\varepsilon)$ entraîne $\|F(t,x_0,t_0)\| < \varepsilon$ pour $t \geqslant t_0$; soit $-m(\varepsilon) < 0$ une borne supérieure de dV/dt pour l'ensemble des points (x,t) vérifiant $\delta(\varepsilon) \leqslant \|x\| \leqslant \varepsilon_0$, $t \geqslant 0$; et finalement $T(\varepsilon) > M/m(\varepsilon)$.

Soit $\|x_0\| \leqslant \delta_0$, $t_0 \geqslant 0$ quelconque. Alors $V(x_0,t_0) = V_0 \leqslant M$. Si on suppose que dans l'intervalle (t_0,t_1) on a $\|F(t,x_0,t_0)\| \geqslant \delta(\varepsilon)$ il en resulte $0 \leqslant V(x_1,t_1) = V_0 + $
$$+ \int_{t_0}^{t_1} (dV/dt)dt \leqslant M - m(t_1-t_0), \text{ d'où } t_1 < t_0+T(\varepsilon).$$
Il y a donc dans l'intervalle $(t_0,t_0+T(\varepsilon))$ au moins une valeur t_1 telle que $\|x_1\| = \|F(t_1,x_0,t_0)\| < \delta(\varepsilon)$, d'où pour $t \geqslant t_1$ et à fortiori pour $t \geqslant t_0+T(\varepsilon)$, on a $\|F(t,x_0,t_0)\| < \varepsilon$.

Le théorème suivant étend et précise un résultat de Massera $[31]$:

8.3. Si le système est autonome ou périodique, la stabilité (stabilité asymptotique) entraîne la stabilité uniforme (asymptotico-uniforme).

Supposons que x=0 soit stable. Alors, $\varepsilon > 0$ étant donné, il existe un $\delta_1(\varepsilon) > 0$ tel que $\|x_1\| < \delta_1(\varepsilon)$ entraîne $\|F(t,x_1,0)\| < \varepsilon$ pour $t \geqslant 0$. Le tronçon de tube formé par les points (x,t) tels que $0 \leqslant t \leqslant \tau$ (τ étant la période du système) et $x=F(t,x_1,0)$ où $\|x_1\| = \delta_1(\varepsilon)$ contient dans son intérieur un certain cylindre $\|x\| \leqslant \delta(\varepsilon)$, $0 \leqslant t \leqslant \tau$. Soit maintenant $\|x_0\| < \delta(\varepsilon)$ et $t_0 \geqslant 0$ quelconque, $t \geqslant t_0$, m le plus grand entier positif contenu dans t_0/τ, $t_0'=t_0-m\tau$, $t'=t-m\tau$, d'où $0 \leqslant t_0' \leqslant \tau$, $t' \geqslant t_0'$. Alors
$$\|F(t,x_0,t_0)\| = \|F(t',x_0,t_0')\| = \|F(t',x_1,0)\|$$
où $x_1 = F(0,x_0,t_0')$. Mais, puisque $\|x_0\| < \delta(\varepsilon)$, on aura

$\|x_1\| < \delta_1(\varepsilon)$ et $\|F(t',x_1,0)\| < \varepsilon$, ce qui démontre la stabilité uniforme.

Supposons maintenant que x=0 soit asymptotiquement stable. Soit $\varepsilon_o > 0$ un nombre assez petit, mais fixe, et $\delta_1 = \delta_1(\varepsilon_o)$, $\delta_o = \delta(\varepsilon_o)$, où $\delta_1(\varepsilon)$, $\delta(\varepsilon)$ sont les fonctions définies il y a un instant. Admettons provisoirement que la limite $F(t,x_1,0) \to 0$ pour $t \to +\infty$ est uniforme par rapport à $\|x_1\| \leq \delta_1$, c'est à dire que, étant donné $\varepsilon > 0$ il existe un $T(\varepsilon)$ tel que $t \geq T(\varepsilon)$ entraîne $\|F(t,x_1,0)\| < \varepsilon$ quel que soit x_1 avec $\|x_1\| < \delta_1$. Alors, si $\|x_0\| < \delta_o$ et $t \geq t_0 + T(\varepsilon)$ on aura comme auparavant

$$\|F(t,x_o,t_o)\| = \|F(t',x_o,t'_o)\| = \|F(t',x_1,0)\| < \varepsilon,$$

puisque $t' \geq t'_0 + T(\varepsilon) \geq T(\varepsilon)$, ce qui démontre la stabilité asymptotico-uniforme.

Il suffit donc de prouver l'uniformité de la limite $F(t,x_1,0) \to 0$. Si cette limite n'était pas uniforme, il existerait un $\varepsilon > 0$ et des suites x_i, t_i avec $\|x_i\| \leq \delta_1, t_i \to +\infty$ telles que $\|F(t_i,x_i,0)\| \geq \varepsilon$.

En prenant, s'il est nécessaire, une suite partielle, on peut admettre que $x_i \to \xi$, $\|\xi\| < \delta_1$; puisque $\lim F(t,\xi,0) = 0$, il y a un $T > 0$ tel que $\|F(T,\xi,0)\| < \dfrac{\delta(\varepsilon)}{2}$. Mais alors, pour i suffisamment grand, on aurait, en vertu de la continuité, $\|F(T,x_i,0)\| < \delta(\varepsilon)$ d'où $\|F(t,x_i,0)\| < \varepsilon$ pour $t \geq T$, ce qui contredit l'hypothèse faite. La démonstration du théorème devient ainsi complète.

On peut constater que dans l'exemple du numéro précédent, quoique x=0 soit asymptotiquement stable elle n'est pas même uniformément stable, ce qu'explique que pour un tel système il n'existe pas de fonctions V(x,t) avec les propriétés énoncées (parce que cela contredirait le théorème 8.2 et même 8.1).

9. Jusqu'ici nous avons considéré la stabilité par rapport
à des perturbations ou erreurs dans les conditions initiales. Pour un système physique, cependant, il y aura des
perturbations ou erreurs agissant pendant toute la durée
du mouvement; en d'autres mots, non seulement x_0 ne représente qu'approximativement les conditions initiales réel
les mais le système $\dot{x} =f(x,t)$ lui même ne représente la
loi qui gouverne le système physique qu(avec un certain
dégré d'approximation. Malkin $[25]$ et Artem'ev $[2]$ ont été
les premiers à faire cette importante remarque. Il importe
alors de définir et étudier ce que les mathématiciens so-
viétiques appellent "stabilité sous l'action de perturbations permanentes" et que nous appellons plus simplement
"stabilité totale":
Nous dirons que la solution x=0 du système $\dot{x} =f(x,t)$ est
totalement stable si pour chaque $\varepsilon > 0$ et $t_0 \geqslant 0$ il existe
un $\delta > 0$ (dépendant en général de ε et de t_0) tel que,
quelle que soit la fonction g(x,t) et le vecteur x_0, sati-
sfaisant aux conditions $\|x_0\| < \delta$, $\|f(x,t) -g(x,t)\| < \delta$
(dans $S_n(a) \times J^+$) , la solution générale $x=G(t,x_0,t_0)$ du
système $\dot{x} =g(x,t)$ vérifie la condition $\|G(t,x_0,t_0)\| < \varepsilon$
pour $t \not\geqslant t_0$.
Il y a lieu de remarquer que nous ne supposons pas que
$g(0,t)\equiv 0$, c'est à dire que x=0 ne sera plus, en général,
solution du système perturbée.
9.1 (Malkin $[26 \text{ bis}]$) S'il existe une fonction V(x,t) dé-
finie positive telle que $dV_f/dt = (\partial V/\partial t)+(\partial V/\partial x).f$ soit
définie négative et si $\partial V/\partial x$ est borné dans $S_n(a) \times J^+$, la
solution x=0 du système $\dot{x} = f(x,t)$ est tatalement stable
(et même uniformément, c'est à dire que le δ de la définition précédente ne dépend pas, dans ce cas, de t_0).

Il faut remarquer que dans ces hypothèses V possède une
borne supérieure infiniment petite, puisque $|V(x,t)| =$
$= |V(x,t) - V(0,t)| \leqslant M.\|x\|$ où M est une borne supérieure
des dérivées partielles de V.

Soit $\varepsilon > 0$; soit $\eta_1(\varepsilon) > 0$ tel que $\|x\| \geqslant \varepsilon$ entraîne
$V(x,t) \geqslant \eta_1(\varepsilon)$ et $\delta_1(\varepsilon) > 0$ tel que $\|x\| < \delta_1(\varepsilon)$
entraîne $V(x,t) < \eta_1(\varepsilon)$. Soit $\|\partial V/\partial x\| \leqslant M$ dans
$S_n(a) \times J^+$, $\eta_2(\varepsilon) > 0$ tel que $\|x\| \geqslant \delta_1(\varepsilon)$ entraîne
$\partial V_f/dt \leqslant -\eta_2(\varepsilon)$ et $0 < \delta_2(\varepsilon) < \eta_2(\varepsilon)/M$.
Soit finalement $\delta(\varepsilon)$ le plus petit des deux $\delta_1(\varepsilon)$ et
$\delta_2(\varepsilon)$.

Soient x_0, t_0 et $g(x,t)$ quelconques satisfaisant aux condi-
tions $\|x_0\| < \delta(\varepsilon)$, $t_0 \geqslant 0$ et $\|g(x,t) - f(x,t)\| < \delta(\varepsilon)$
dans $S_n(a) \times J^+$. J'affirme que $\|G(t,x_0,t_0)\| < \varepsilon$ pour
$t \geqslant t_0$. Supposons qu'il n'était pas ainsi; il existerait
alors un intervalle (t_1,t_2), $t_0 \leqslant t_1 < t_2$, tel que si
$x_1 = G(t_1,x_0,t_0)$, $x_2 = G(t_2,x_0,t_0)$ on aurait $\|x_1\| = \delta_1(\varepsilon)$,
$\|x_2\| = \varepsilon$, et $\delta_1(\varepsilon) \leqslant \|G(t,x_0,t_0)\| \leqslant \varepsilon$ pour
$t_1 \leqslant t \leqslant t_2$. Alors $V(x_1,t_1) \leqslant \eta_1(\varepsilon)$ et $dV_g/dt = (\partial V/\partial t) +$
$+ (\partial V/\partial x).g = (dV_f/dt) + (\partial V/\partial x) . (g-f) \leqslant -\eta_2(\varepsilon) + M\delta(\varepsilon) <$
$< -\eta_2(\varepsilon) + \eta_2(\varepsilon) = 0$;
donc $V(x_2,t_2) < \eta_1(\varepsilon)$ d'où $\|x_2\| < \varepsilon$, ce qui contredit
notre hypothèse.

9.2 (Goršin [19] ; voir aussi Malkin [29]) Si la solution
$x=0$ du système $\dot{x} = f(x,t)$ est asymptotico-uniformément
stable, et si f satisfait à une condition de Lipschitz
$\|f(x'',t) - f(x',t)\| \leqslant M\|x''-x'\|$, où M est une constante
(indépendante de t), alors la solution $x=0$ est totalement
stable (et même uniformément). $\varepsilon > 0$ étant donné, il y a
un $\delta_1(\varepsilon) > 0$ et un $T(\varepsilon) > 0$ tels que (x_0,t_0) étant quel-
conque, $\|x_0\| < \delta_1(\varepsilon)$, $t_0 \geqslant 0$, on aura $\|F(t,x_0,t_0)\| < \varepsilon/2$
pour tout $t \geqslant t_0$ et $\|F(t_1,x_0,t_0)\| < \delta_1(\varepsilon)/2$ pour

$t_1 = t_0 + T(\varepsilon)$. Soit $\delta_2(\varepsilon) = M \delta_1(\varepsilon) e^{-MT(\varepsilon)/2}$, et supposons $\|x_0\| < \delta_1(\varepsilon)$, $t_0 \geq 0$, $\|f(x,t) - g(x,t)\| < \delta_2(\varepsilon)$.

Soient $x(t) = F(t,x_0,t_0)$ et $y(t) = G(t,x_0,t_0)$ les solutions des systèmes $\dot{x} = f(x,t)$ et $\dot{x} = g(x,t)$ passant par le même point (x_0,t_0), et soit $\rho(t) = \|x(t) - y(t)\|$.

$$\dot{\rho}(t) \leq \|f(x(t),t) - g(y(t),t)\| \leq \|f(x(t),t) - f(y(t),t)\| +$$
$$+ \|f(y(t),t) - g(y(t),t)\| \leq M\rho(t) + \delta_2(\varepsilon).$$

Il en résulte $\rho(t) \leq \dfrac{\delta_2(\varepsilon)}{M}\left(e^{M(t-t_0)} - 1\right) < \dfrac{\delta_2(\varepsilon)}{M} e^{M(t-t_0)}$ pour $t > t_0$ et, dans l'intervalle (t_0,t_1), $\rho(t) < \dfrac{\delta_2(\varepsilon)}{M} e^{MT(\varepsilon)} =$

$= \delta_1(\varepsilon)/2 \leq \varepsilon/2$.

Dond $\|G(t,x_0,t_0)\| < \varepsilon$ pour $t_0 \leq t \leq t_1$ et $\|x_1\| = \|G(t_1,x_0,t_0)\| < \delta_1(\varepsilon)$. On peut alors répéter pour le point (x_1,t_1) le même raisonnement que pour (x_0,t_0) et on arrive à $\|G(t,x_0,t_0)\| < \varepsilon$ pour $t_1 \leq t \leq t_2 = t_0 + 2T(\varepsilon)$, $\|x_2\| = \|G(t_2,x_0,t_0)\| < \delta_1(\varepsilon)$, et ainsi de suite. Donc $\|G(t,x_0,t_0)\| < \varepsilon$ pour tout $t > t_0$.

9.3 Si le système est autonome ou périodique, et si $f(x,t)$ satisfait à une condition de Lipschitz, la stabilité asymptotique de la solution $x=0$ entraîne sa stabilité totale.

Ce théorème se déduit immédiatement de 8.3 et 9.2. Dans le numéro 20 nous démontrerons le réciproque de 9.3, de sorte que pour les systèmes autonomes ou périodiques satisfaisant à une condition de:Lipschitz les concepts de stabilité asymptotique et de stabilité totale sont équivalents.

10. Une autre question qui peut être importante pour les applications est la suivante. Dans les définitions de stabilité données au n° 1, les perturbations initiales x_0 admises sont "suffisamment petites", c'est à dire que la stabilité ainsi définie est une propriété locale.

Or, dans les applications il pourrait arriver qu'une solution théoriquement stable ne le soit pas en pratique parce
que les perturbations physiquement possibles ne sont pas
assez petites. D'où l'intérêt de la définition suivante
due a Barbasin et Krasovskiĭ.

Nous dirons que la solution $x=0$ du système $\dot{x} = f(x,t)$ (où
 f est supposée définie dans tout l'espace $E_n \times J^+$) est
asymptotiquement stable pour des perturbations initiales
arbitraires, ou simplement asymptotiquement stable "im
 grossen " si elle est stable et si, pour n'importe
quel point $(x_0,t_0) \in E_n \times J^+$, on a $F(t,x_0,t_0) \rightarrow 0$ lorsque
$t \rightarrow +\infty$.

Il est facile de voir par des exemples très simples $[4]$
que l'existence d'une fonction $V(x,t)$ dans tout l'espace,
satisfaisant aux hypothèses du théorème (7.1) ne suffit
pas pour assurer la stabilité "im grossen ".

Nous dirons qu'une fonction $V(x,t)$ définie dans $E_n \times J^+$
est infiniment grande si pour chaque $M > 0$ il existe un $N > 0$
tel que $\|x\| \geqslant N$, $t \geqslant 0$, entraîne $|V(x,t)| > M$. Alors on
peut démontrer le théorème suivant qui généralise un théo-
rème de Barbasin-Krasovskiĭ $[4]$ relatif aux systèmes autonomes:

10.1 S'il existe une fonction $V(x,t)$ définie positive, infiniment grande et possédant une borne supérieure infiniment
petite, et si dV/dt est définie négative, la solution $x=0$
est asymptotiquement stable " im grossen".

Soit (x_0,t_0) quelconque et N tel que $\|x\| \geqslant N$, $t \geqslant 0$, entraîne
$V(x,t) \geqslant V(x_0,t_0)$. Puisque V décroît le long des solutions
on aura alors $\|F(t,x_0,t_0)\| < N$ pour $t \geqslant t_0$ et la solution
existera dans l'avenir. La démonstration se termine comme
pour le théorème 7.1.

11. Četaev $[12,13]$ a généralisé le théorème 7.4 sur
l'instabilité. Sa démonstration était basée sur un lemme
de caractère topologique que Persidskiĭ $[37,39]$ démontra
rigoureusement quelques années plus tard. Les théorèmes
qui suivent sont un peu plus généraux que ceux de Četaev.

11.1 Supposons qu'il existe un ensemble ouvert G et une
fonction $V(x,t)$ avec les propriétés suivantes:

a) il existe au moins un point $(0,t_1)$, $t_1 \geqslant 0$, qui est
frontière de G;

b) $0 < V \leqslant M$ = const. dans G; si (x,t) appartient à la
frontière de G et si $\|x\| < a$, on a $V(x,t) = 0$;

c) il existe une fonction $\beta(\alpha) > 0$ continue et croissante,
définie pour $\alpha \geqslant 0$, telle que $(x,t) \in \mathbf{G}$ et $V(x,t) \geqslant \alpha > 0$
entraîne $dV(x,t)/dt \geqslant \beta(\alpha)$;

alors la solution $x=0$ du système $\dot{x} = f(x,t)$ est instable.
Supposons que $x=0$ est stable et soit $\delta > 0$ tel que
$\|x_0\| < \delta$, $t \geqslant 0$, entraîne $\|F(t,x_0,0)\| < \varepsilon < a$.
Lorsque x_0 parcourt la sphère (boule) $\|x_0\| < \delta$, le point
(x,t_1), $x=F(t_1,x_0,0)$ parcourt un voisinage de $(0,t_1)$ et il
y a donc un x_0, $\|x_0\| < \delta$, pour lequel $(x_1,t_1) \in G$,
$x_1 = F(t_1,x_0,0)$, $V(x_1,t_1) = V_1 > 0$. Pour chaque $t \geqslant t_1$ tel
que le point de la trajectoire $x=F(t,x_0,0)$ ne sorte pas de
G dans l'intervalle (t_1,t), on aura $V(x,t) \geqslant V_1$; on déduit
alors de b) que la trajectoire ne peut jamais sortir de G
et de $V(x,t) \geqslant V_1$ s'ensuit. $dV/dt \geqslant \beta(V_1) > 0$ ce qui conduit
à l'absurde $V_\infty = + \infty$.

11.2 Supposons qu'il existe un ensemble ouvert G et une
fonction $V(x,t)$ avec les propriétés suivantes:

a') il existe au moins un point $(0,t_1)$, $t_1 \geqslant 0$, qui est
frontière de G; les points (x,t) frontières de G avec
$0 < \|x\| < a$, $t > 0$, appartiennent à des surfaces ayant un

plan tangent continu et les vecteurs (f,1) penètrent par
ces points dans G (au sens striat);

b') $0 < V \leq M$ dans G;

c') identique à l'hypothèse c) de 11.1;

alors la solution x=0 est instable.

On observe qu'on exige un peu moins de V mais beaucoup plus
de G. La démonstration est presque identique à la précédente,
 sauf qu'ici le fait que la solution une fois à l'intériaur
de G n'en peut plus sortir résulte directement de l'hypothèse a').

11.3 Supposons qu'il existe un ensemble ouvert G et une
fonction V(x,t) avec les propriétés suivantes:

a") les points (x,t) frontières de G avec $0 < \|x\| < a$, $t > 0$,
appartiennent à des surfaces ayant un plan tangent continu
et les vecteurs (f,1) sortent par ces points de G (au sens
strict);

b") il existe une suite numérique $t_n \to +\infty$ et une suite
d'ensembles $G_n \subset G$ formés par des points (x,t) avec $t \geq t_n$,
tels que la réunion de G_n, de l'axe x=0 et du cylindre
$\|x\| = a$ est connexe;

c") identique à l'ensemble des hypothèses b') et c') du
théorème 11.2;

alors la solution x=0 est instable.

La démonstration est encore identique aux précédentes sauf
pour la preuve de l'existence d'une solution qui demeure
toujours dans G.

S'il n'était pas ainsi, pour chaque x_0, $\|x_0\| = \delta$ $(\delta > 0$
étant élu de telle sorte que $\|x_0\| \leq \delta$, $t \geq 0$, entraîne
$\|F(t,x_0,0)\| < \varepsilon < a)$ il y aurait un $T(x_0) \geq 0$ tel que
$(F(t,x_0,0),t)$ n'appartient pas a G pour $t \geq T(x_0)$ (puisque
de l'hypothèse a") s'ensuit qu'une fois une trajectoire est
sortie de G elle n'y peut plus rentrer). Par raison de la

continuité de la dépendance des valeurs initiales et de la
compacité de la sphère $\|x_0\| = \delta$, il existe un $T \geqslant 0$ indé-
pendant de x_0 tel que $\|x_0\| = \delta$, $t \geqslant T$, entraîne
$(F(t,x_0,0),t)$ n'appartient pas à G. Mais ceci est impossi-
ble puisque l'ensemble de ces points est homéomorphe a un
démicylindre qui séparerait l'axe x=0 du cylindre $\|x\| = a$,
contre l'hypothèse b"), pour $t_n \geqslant T$.

12. Nous passons maintenant aux réciproques des théorèmes
sur la stabilité asymptotique.

<u>Lemme</u> (généralise celui de $\lceil 31 \rceil$). Soit r un entier posi-
tif et $\varepsilon(t)$, M(t) deux fonctions positives définies pour
$t \geqslant 0$ dont la première satisfait à l'hypothèse $\lim_{t=+\infty} \varepsilon(t) = 0$,
la second étant différentiable et non décroissante. Alors
il existe une fonction $G(\eta)$ appartenant à la classe $\dot{C}^r$,
définie pour $\eta \geqslant 0$, telle que la fonction G elle même et
ses r premières dérivées sont positives, croissantes, s'annu-
lent pour $\eta = 0$ et deviennent infinies pour $\eta \to +\infty$, et
telle que, pour chaque nombre fixe $\delta > 0$, les intégrales

$$\int_0^{+\infty} G^{(s)-}[\varepsilon^*(t)] \cdot M(t)dt \qquad , \quad 0 \leqslant s \leqslant r,$$

convergent uniformément pour toutes les fonctions $\varepsilon^*(t)$
appartenant à la classe H_δ des fonctions safisfaisant aux
inégalités $0 \leqslant \varepsilon^*(t) \leqslant \delta \varepsilon(t)$ pour $t \geqslant 0$.

Nous construisons d'abord une fonction $\eta(t)$ avec les propriétés suivantes: elle est définie pour $t > 0$, décroissante,
continue, possède une derivée continue et non décroissante,
$\lim_{t=+\infty} \eta(t)=\lim_{t=+\infty} \eta'(t)=0$, $\lim_{t=0+} \eta(t)=+\infty$; enfin, pour chaque
$\delta > 0$ il existe un $T(\delta)$ tel que si $t \geqslant T(\delta)$ on a $\delta \cdot \varepsilon(t) \leqslant$
$\leqslant \eta(t)$.

En effet, soit t_n une suite telle que pour $t \geqslant t_n$ on ait
$\varepsilon(t) < 1/(n+1)^2$ et en autre $t_1 \geqslant 1$, $t_{n+1} \geqslant t_n+1$. Alors

nous prenons $\eta(t_n) = 1/n$, $\eta(t)$ linéaire entre t_n et t_{n+1}, $\eta(t) = (t_1/t)^p$ pour $0 < t < t_1$, p étant positif et suffissament grand pour que $\eta'(t_1-0) < \eta'(t_1+0)$. La dérivée de cette fonction, bien entendu, n'est pas continue aux points t_n mais il suffit de modifier légerement la définition de $\eta(t)$ dans de petits voisinages des t_n pour arriver à une fonction avec dérivée continue. Toutes les propriétés demandées a $\eta(t)$ sont alors satisfaites trivialement sauf la dernière ; il suffit pour la vérifier de prendre $T(\delta) = t_N$, N étant le plus grand entier contenu dans $1/\delta$. On a alors, en effet, si $t \geqslant T(\delta) = t_N$, et plus précisement, si $t_n \leqslant t \leqslant t_{n+1}$, $n \geqslant N$,

$$\delta \cdot \varepsilon(t) < \delta / (n+1)^2 < \eta(t) \cdot \delta/(n+1) \leqslant \eta(t) \cdot \delta/(N+1) \leqslant \eta(t).$$

Soit $t(\eta)$ la fonction inverse de $\eta(t)$ et écrivons

$$G(\eta) = \int_0^\eta \cdots \int_0^\eta \frac{e^{-t(\eta)}}{M[t(\eta)]} \, d\eta^{r+1}$$

(r+1 intégrations successives). Toutes les propriétés de G, sauf la convergence uniforme des intégrales, sont alors évidemment satisfaites (G est même une fonction de classe C^{r+1}).

Pour démontrer cette dernière propriété, soit η_0 tel que $|t'(\eta_0)| > 1$. Tout d'abord, si $\eta < \eta_0$ et $0 \leqslant s \leqslant r+1$, on a $G^{(s)}(\eta) \leqslant e^{-t(\eta)} / M[t(\eta)]$. Ceci est évident pour s=r+1; supposons qu'il soit vrai pour un certain $s \leqslant r+1$, alors

$$G^{(s-1)}(\eta) = \int_0^\eta G^{(s)}(\eta) \, d\eta < \int_0^\eta \frac{e^{-t(\eta)}}{M[t(\eta)]} \, d\eta = \int_{+\infty}^{t(\eta)} \eta'(t) \frac{e^{-t}}{M(t)} \, dt <$$

$$< \int_{t(\eta)}^{+\infty} \frac{e^{-t}}{M(t)} \, dt \leqslant \int_{t(\eta)}^{+\infty} \frac{e^{-t}}{M(t)} \, dt + \int_{t(\eta)}^{+\infty} \frac{M'(t)}{M^2(t)} e^{-t} \, dt =$$

$$= \int_{t(\eta)}^{+\infty} \frac{e^{-t}}{M(t)} \, dt + \left[-\frac{e^{-t}}{M(t)} \right]_{t(\eta)}^{+\infty} - \int_{t(\eta)}^{+\infty} \frac{e^{-t}}{M(t)} \, dt = \frac{e^{-t(\eta)}}{M[t(\eta)]} \, ,$$

d'où, par induction, le résultat annoncé.

Alors, pour chaque $\delta > 0$, si $t \geqslant \sup \{ T(\delta), t(\eta_o) \}$,
on aura $0 < \varepsilon^*(t) \leq \delta . \varepsilon(t) \leq \eta(t)$, d'où $t[\varepsilon^*(t)] \geqslant t$ et
$G^{(s)}[\varepsilon^*(t)] \leq e^{-t[\varepsilon^*(t)]} / M[t[\varepsilon^*(t)]] \leq \dfrac{e^{-t}}{M(t)}$ et l'intégrale
$\int^{+\infty} G^{(s)}[\varepsilon^*(t)] \cdot M(t) \cdot dt$ est majorée par l'intégrale
indépendante de ε^* $\int^{+\infty} e^{-t} dt$ ce que prouve la convergence uniforme dans la classe H_δ.

Le théorème suivant est le réciproque du théorème 8.2;
il généralise des résultats de Massera [31], Barbašin [37]
et Malkin [29].

12.1 Si la fonction $f(x,t)$ est bornée et appartient à la
classe C^r, $r \geqslant 1$, et si la solution $x=0$ du système $\dot{x}=f(x,t)$
est asymptotico-uniformément stable, il existe une fonction
$V(x,t)$ de classe C^r (les dérivées étant bornées dans
$S_n \times J^+$), définie positive et telle que dV/dt est définie
négative.

Du fait que les dérivées de V sont bornées résulte, en
particulier, que V possède une borne supérieure infiniment
petite.

Des théorèmes classiques résulte que, dans le cas considéré,
l'intégrale générale $F(t,x_o,t_o)$ appartient à la classe
C^r et qu'il existe une fonction $M(t)$, indépendante de x_o
et de t_o, pourvu que $\|x_o\| \leq \delta_o$ (fixe) et que $t \geqslant t_o \geqslant 0$,
qui est majorante de toutes les dérivées de F jusqu' à
l'ordre r inclusive. D'autre part, il existe un $\delta_o > 0$ fixe
et un $T(\varepsilon)$ tels que $\|x_o\| < \delta_o$, $t \geqslant t_o + T(\varepsilon)$ entraîne
$\|F(t,x_o,t_o)\| < \varepsilon$; nous pouvons supposer la fonction
$t=T(\varepsilon)$ décroissante. Soit alors $\varepsilon(t)$ la fonction inverse et $G(\eta)$ la fonction correspondante a $\varepsilon(t)$ et $M(t)$
d'après le Lemme.

Soit finalement

$$V(x,t) = \int_t^{+\infty} G\left[\|F(\theta,x,t)\|\right] d\theta =$$

$$= \int_0^{+\infty} G\left[\|F(t+\theta, x, t)\|\right] d\theta .$$

De la définition de $T(\varepsilon)$ résulte $\|F(t+T(\varepsilon),x,t)\| < \varepsilon$
et en remplaçant ε par $\varepsilon(\theta)$, $T\left[\varepsilon(\theta)\right] = \theta$, il
vient $\|F(t+\theta,x,t)\| < \varepsilon(\theta)$ et, d'après le lemme,
l'intégrale qui définit V ainsi que les intégrales qui
s'obtiennent par dérivation sous le signe intégral jusqu'à
l'ordre r sont uniformément convergentes par rapport a x,t
et même bornées par des intégrales convergentes indépen-
dantes de x,t. Ceci démentre que V appartient a C^r et que
les derivées de V sont bornées.
Si (x,t) est un point d'une trajectoire fixe, disons celle
qui parte par (x_0,t_0), on a $F(\theta,x,t) = F(\theta,x_0,t_0)$
et alors $dV/dt = - G\left[\|F(t,x_0,t_0)\|\right] = - G\left[\|x\|\right]$,
c'est à dire dV/dt est définie négative.
Enfin, f étant bornée, il existe un $T > 0$ tel que
$\|F(t+\theta,x,t)\| \geqslant \|x\|/2$ pour $0 \leqslant \theta \leq T$, T étant indépendant
de x,t, et il vient $V(x,t) \geqslant T\|x\|/2$ ce qui prouve que
V est définie positive.
12;2 Si f(x,t) est périodique en t (ou indépendante de t)
et appartient à la classe C^r, et si la solution x=0 du
système $\dot{x}=f(x,t)$ est asymptotiquement stable, il existe une
fonction V(x,t) ayant les propriétés énoncées dans le théorème précédant et qui est en outre périodique en t (indépendant de t).
L'existence de la fonction, résulte de 12.1 et de 8.3;
la périodicité (si τ est la période du système) résulte de

$$V(x,t+\tau) = \int_0^{+\infty} G\left[\|F(t+\tau+\theta, x, t+\tau)\|\right] d\theta = \int_0^{+\infty} G\left[\|F(t+\theta, x, t)\|\right] d\theta = V(x,t).$$

12.3.   Si la fonction $f(x,t)$ est bornée et admet des derivées premières continues, et si la solution x=0 du système $\dot{x}=f(x,t)$ est asymptotico-uniformément stable, alors
elle est totalement stable (et même uniformément).
C'est une conséquence des théorèmes 12.1 et 9.1.   Il faut
noter que ce théorème exige un peu plus que le théorème
9.2 de Gorsin (à savoir, l'existence de dérivées partielles
continues de f) mais d'un autre côté un peu moins parce
que ces dérivées pourraient ne pas être bornées, de façon
que f pourrait ne pas satisfaire à une condition de
Lipschitz uniforme.
Le théorème suivant est, pour les systèmes périodiques,
le réciproque du théorème 10.1 (Barbasin-Krasovskii $\begin{bmatrix} 4 \end{bmatrix}$
ont démontré ce théorème dans le cas autonome).
12.4.   Si la fonction f(x,t) est périodique en t (ou auto̲
nome) et appartient à la classe C^r, $r \geqslant 1$, si la solution
x=0 du système $\dot{x}=f(x,t)$ est asymptotiquement stable
"im grossen", et enfin, si les solutions du système
existent dans le passé, alors il existe une fonction V(x,t)
de classe C^r, périodique en t (indépendante de t), infini̲
ment grande, définie positive et telle que dV/dt est défi̲
nie négative.
Il faut remarquer que V étant périodique et de classe C^r,
ses dérivées seront bornées dans tout cylindre $\| x \| < a$ et,
par conséquent, V possédera une borne supérieure infiniment petite.
Soit $N(R) = \sup \left\{ \| F(t,x_0,t_0) \|^2, 1 \right\}$ où les variables
satisfont aux inégalités $\| x_0 \| \leq R$, $0 \leq t_0 \leq \tau$, $t \geqslant t_0$
(τ étant la période du système). Je dis que $N(R) < +\infty$;
s'il n'était pas ainsi, il y aurait des suites t_i, x_{0i},
$t_{0i}, \| x_{0i} \| \leq R, 0 \leq t_{0i} \leq \tau, t_i \geqslant t_{0i}, t_i \to +\infty$

telles que $\|F(t_i,x_{0i},t_{0i})\| \to \infty$. Nous **pouvons** supposer
que $x_{0i} \to \xi$, $t_{0i} \to \theta$, $\|\xi\| \leq R$, $0 \leq \theta \leq \tau$.
La solution $F(t, \xi, \theta)$ tend vers zéro lorsque $t \to +\infty$
et il y a donc un T assez grand pour que $\|F(T, \xi, \theta)\| <$
$< \delta(\varepsilon)/2$, où $\delta(\varepsilon)$ est le δ de la stabilité simple
(uniforme d'après 8.3) correspondant a $\varepsilon > 0$. Si i est
assez grand on aura alors $\|F(T,x_{0i},t_{0i})\| < \delta(\varepsilon)$ et par
conséquent $\|F(t,x_{0i},t_{0i})\| < \varepsilon$ pour $t \geq T$, contre l'hypo-
thèse que nous avions faite.
Soit $\varepsilon(t) = \sup \left\{\|F(t,x_0,t_0)\| / N(\|x_0\|)\right\}$, où x_0 est
quelconque, $0 \leq t_0 \leq \tau$, $t_0 \leq t$ (t fixe). Je dis que $\varepsilon(t) \to 0$
lorsque $t \to +\infty$; s'il n'était pas ainsi, il y aurait des
suites t_i, x_{0i}, t_{0i}, $0 \leq t_{0i} \leq \tau$, $t_{0i} \leq t_i$, $t_i \to +\infty$ et un
$\varepsilon > 0$ (fixe) tels que $\|F(t_i,x_{0i},t_{0i})\| \geq \varepsilon N(\|x_{0i}\|)$.
De la définition de $N(R)$ résulte alors $N(\|x_{0i}\|) < 1/\varepsilon^2$
et $\|x_{0i}\| < 1/\varepsilon^2$. On peut donc supposer que $x_{0i} \to \xi$,
$t_{0i} \to \theta$, et le même raisonnement que nous avons fait il y
a un instant conduit alors à une contradiction.
Soit $G(\eta)$ la fonction correspondant, d'après le lemme,
aux fonctions $\varepsilon(t)$ et $M(t)= e^{t^2}$ et soit

$$V(x,t) = \int_t^{+\infty} G\left[\|F(\theta,x,t)\|\right] d\theta.$$

Si $m\tau$ est le plus grand multiple entier de τ contenu dans t, et
si $t'=t-m\tau$, $\theta' = \theta -m\tau$, $\|x\| \leq R$, on aura

$$\|F(\theta,x,t)\| = \|F(\theta',x,t')\| = \varepsilon^*(\theta') \leq N(R) \cdot \varepsilon(\theta')$$

et par conséquent, d'après le Lemme, $V(x,t) = \int_t^{+\infty} G\left[\varepsilon^*(\theta')\right] d\theta'$
converge uniformément en x,t dans la région $\|x\| \leq R$, $t \geq 0$,
puisque alors $\varepsilon^*(\theta')$ appartient à la classe $H_{N(R)}$. Les

intégrales qui s'obtiennent par dérivation sous le signe
intégral jusqu'à l'ordre r inclusive, sont majorées par des
intégrales de la forme $\int^{+\infty} G^{(s)}\left[\|F(\theta,x,t)\|\right] \cdot e^{K(R)\theta} d\theta$,

où K(R) est une borne supérieure de toutes les dérivées
partielles d'ordre $\leq$ r de f(x,t) dans la région
$\|x\| \leq$ N(R), t $\geq$ O, et p est un certain nombre naturel.
Puisque $e^{pK(R)\theta} < e^{\theta^2}$ à partir d'un certain θ , le
même raisonnement prouve la convergence uniforme de ces
intégrales et par conséquent le fait que V appartient à C^r.
Il est évident que V est définie positive et dV/dt définie
négative. Pour démontrer que V est infiniment grande, soit
M(R)=inf $\|F(t,x_0,t_0)\|$, où $\|x_0\|$ =R, $t_0 \leq t \leq t_0+\tau$; M(R) ne
dépend pas de t_0.
Je dis que M(R)$\longrightarrow \infty$ lorsque R $\rightarrow +\infty$. S'il n'était pas ainsi
il y aurait des suites t_i, x_{0i}, telles que $\|x_{0i}\| \rightarrow \infty$,
$t_0 \leq t_i \leq t_0+\tau$, $\|F(t_i,x_{0i},t_0)\|$ borné.
On peut supposer que $t_i \rightarrow \theta$, $F(t_i,x_{0i},t_0) \rightarrow \xi$; mais alors
F(t, ξ , θ) n'existerait pas pour t = t_0, contre l'hypo-
thèse de l'existence des solutions dans le passé. Mais
alors $V(x,t) \geq \int_t^{t+\tau} G[\|F(\theta,x,t)\|] d\theta \geq \tau\, G[M(\|x\|)]$.

- Seconde Partie - STABILITÉ EN PREMIÈRE APPROXIMATION -

13. Considérons en premier lieu des systèmes linéaires
de la forme $\dot{x}_i = \sum_{j=1}^{n} a_{ij}(t)\, x_j$, i=1,...,n, où nous sup-
poserons, sauf exception, que les fonctions $a_{ij}(t)$ sont
des fonctions complexes bornées et continues dans J^+.
Si x désigne le vecteur-colonne aux composantes x_i et
A(t) la matrice formée avec les éléments $a_{ij}(t)$, on peut
écrire le système de la façon abregée $\dot{x}=A(t)x$.
Soient maintenant X une matrice (n $\times$ n) formée par n
vecteurs-colonne qui sont des solutions du système. On a
alors évidemment l'equation matricielle $\dot{X}=A(t)X$. Réciproquement, si X est une solution de l'equation matricielle,
chaque colonne de X est une solution du système $\dot{x}=A(t)x$.
13.1 (Théorème de Liouville) $|X(t)| = |X(t_0)| \cdot \exp\left\{ \int_{t_0}^{t} \mathrm{tr}\,A(t).dt \right\}$.
13.2 Si X(t) est une solution de l'équation matricielle ·
ou bien elle est singulière pour tout t ou bien elle est
toujours non-singulière.
Dans le deuxième cas les colonnes de X forment un système
fondamental de solutions de $\dot{x}=A(t)x$ et nous appellerons
X matrice fondamentale.
13.3 Si X_0 est une matrice fondamentale, C une matrice
constante quelconque et c un vecteur-colonne constant
quelconque, la matrice $X(t)=X_0(t)\cdot C$ est la solution généra
le de l'équation matricielle et le vecteur $x(t)=X(t)c$ est
la solution générale du système $\dot{x}=A(t)x$.
Il est immédiat que X,x sont des solutions, quels que
soient C,c. Inversement, si X est une solution, soit
$C=X_0^{-1}X$ (X_0^{-1} existe parce que X_0 est fondamentale).
Alors $\dot{X}=\dot{X}_0 C + X_0 \dot{C} = AX_0C$ d'où $X_0\dot{C} = 0$, $\dot{C}=0$ et C est
constante. Le même raisonnement s'applique au cas vectoriel.
Nous appellerons matrice fondamentale principale la matri-

ce R(t) qui est solution de l'équation matricielle
($\dot{R}=A(t)R$) et qui vérifie R(O)=I.

13.4   La solution X de $\dot{X}=AX$ qui vérifie $X(t_0)=X_0$ (où X_0
est une matrice constante donnée) est donnée par la formule
le $X = R(t) \, R^{-1}(t_0) \, X_0$.

13.5   (Méthode de la variation des constantes) La solution
générale de l'équation $\dot{x}=A(t)x+y(t)$ est donnée par la
formule $x(t) = R(t) \, (x_0 + \int_0^t R^{-1}(\theta)y(\theta)\,d\theta)$, où
R(t) est la matrice fondamentale principale du système
homogène et x_0 un vecteur constant arbitraire ($x_0=x(0)$).
Il suffit de poser $x(t) = R(t).z(t)$, d'où

$$\dot{x} = \dot{R}z + R\dot{z} = ARz + R\dot{z} = ARz + y \quad , \quad \dot{z} = R^{-1}y .$$

13.6.   Si S(t) est une matrice non singulière quelconque,
l'équation matricielle $\dot{X}=A(t)X$ (le système vectoriel
$\dot{x}=A(t)\cdot x$) se transforme par la substitution
$Y = SX$ ($y=Sx$) en $\dot{Y}= (S A S^{-1} + \dot{S}S^{-1})Y$ ($\dot{y}=(SAS^{-1}+\dot{S}S^{-1})y$)

13.7 Soient X,Y des solutions respectives des systèmes
adjoints $\dot{X} = A(t) \, X$, $\dot{Y}= - A^{*}(t)Y$ (où A^{*} désigne la matrice adjointe, c'est à dire celle formée par les éléments
$\bar{a}_{ji}(t)$).
Alors $X^{*}Y = C$ est une matrice constante.
En effet, $\dot{C} = \dot{X}^{*}Y + X^{*}\dot{Y} = X^{*} A^{*} Y - X^{*} A^{*} Y = 0$

13.8.   Si X est une matrice fondamentale (principale) de
$\dot{X}=AX$, $Y = X^{*-1}$ est une matrice fondamentale (principale)
du système adjoint $\dot{Y}= - A^{*}Y$.
De $I = X^{*}Y$ on déduit en effet $0 = \dot{X}^{*}Y + X^{*}\dot{Y}= X^{*}A^{*}Y +$
$+ X^{*}\dot{Y}$ d'où, X^{*} étant non singulière, $\dot{Y} = - A^{*}Y$

14.   Si la matrice A est constante, on vérifie immédiate-
ment que $R(t) = e^{At}= I + \dfrac{At}{1!} + \dfrac{A^2 t^2}{2!} +\dots$. D'autre
part, il existe une matrice S constante et non singulière

telle que par le changement de variable Y=SX, l'équation
devient $\dot{Y}$=BY, où B=SAS^{-1} est la forme canonique de Jordan
de A, c'est à dire, somme directe de matrices de la forme

$$J = \begin{pmatrix} \lambda_i & 1 & 0 & \cdots & 0 & 0 \\ 0 & \lambda_i & 1 & \cdots & 0 & 0 \\ 0 & 0 & \lambda_i & \cdots & 0 & 0 \\ \cdot & \cdot & \cdot & \cdot & \cdot & \cdot \\ 0 & 0 & 0 & \cdots & \lambda_i & 1 \\ 0 & 0 & 0 & \cdots & 0 & \lambda_i \end{pmatrix}$$

les λ_i étant les racines caractéristiques de A. Si λ_i est
une racine simple, la matrice J correspondante est alors
d'ordre 1, c'est à dire, scalaire; si λ_i est multiple mais
les diviseurs élémentaires correspondantes sont linéaires,
les matrices J correspondantes sont aussi scalaires. Dans
ces cas et seulement dans ces cas la partie correspondante
de B est alors purement diagonale. Si toutes les racines
sont simples on, plus généralement, si **tous** les diviseurs
élémentaires sont linéaires, B sera une matrice diagonale.
Dans le cas **général** e^{Bt} sera la somme directe des matrices
e^{Jt}, et il est facile de vérifier que

$$e^{Jt} = \begin{pmatrix} e^{\lambda_i t} & t\,e^{\lambda_i t} & \frac{t^2}{2!}e^{\lambda_i t} & \cdots \\ 0 & e^{\lambda_i t} & t\,e^{\lambda_i t} & \cdots \\ 0 & 0 & e^{\lambda_i t} & \cdots \\ \cdot & \cdot & \cdot & \cdots \end{pmatrix}$$

On peut donc énoncer les résultats classiques:

14.1. Si A est une matrice constante, la solution générale
du système $\dot{x}$=Ax est une combinaison linéaire à coefficients
arbitraires de fonctions de la forme $t^p \cdot e^{\lambda_i t}$ où les λ_i sont
les racines caractéristiques de A et $p \geqslant 0$ est un entier.

Si λ_i est simple ou, plu généralement, si les diviseurs
élémentaires correspondate sont linéaires, on doit prendre
p=O.

C'est à cause de cette forme spéciale des solutions que
les racines caractéristiques de A sont appellées exposantes
caractéristiques du système.

14.2.   Si A est une matrice constante et tous les exposants
caractéristiques ont partie réelle négative, la solution
x=O du système $\dot{x}$=Ax est asymptotiquement stable; si tous
les exposants caractéristiques ont partie réelle $\leqslant$ O et si
ceux qui ont partie réelle nulle ont tous leurs diviseurs
élémentaires linéaires, la solution est stable; dans les
autres cas la solution est instable.

Supposons maintenant A(t) périodique, A(t+τ)=A(t). Alors,
si R(t) est la matrice fondamentale principale, R(t+τ)
sera aussi une solution de l'équation matricielle et d'après
13.3 on aura R(t+τ)=R(t)·M, où M=R(τ) est une matrice
constante non-singulière.

14.3 Lemme - Toute matrice non-singulière M possède un logarithme L, c'est à dire, une matrice L telle que M=e^L.
Si M est une somme directe de matrices M_i et si L_i sont
les logarithmes des M_i, alors L est la somme directe des
L_i. Si M est semblable a M_1, M=SM_1S^{-1}, et si L_1 est le
logarithme de M_1, alors L=SL_1S^{-1}.

Il suffit donc de démontrer le lemme pour les matrices J
de la forme de Jordan de M. Si ρ est une racine caracté-
ristique de M et si logρ est une détermination quelconque du logarithme, on vérifie alors immédiatement que le
logarithme de la matrice

$$
J = \begin{pmatrix}
\rho & 1 & 0 & \cdots & 0 \\
0 & \rho & 1 & \cdots & 0 \\
0 & 0 & \rho & \cdots & 0 \\
\cdot & \cdot & \cdot & \cdots & \cdot \\
0 & 0 & 0 & \cdots & \rho
\end{pmatrix}
$$

d'odre k est donné par la série formelle

$$\log J = \log\left[\rho I + (J - \rho I)\right] = I \log \rho + \sum_{j=1}^{\infty} \frac{(-1)^{j+1}}{j \cdot \rho^{j}} (J - \rho I)^{j} \, ;$$

la question de la convergence de la série ne se pose même pas parce qu'on voit immédiatement que $(J - \rho I)^{j} = 0$ dès que $j \geqslant k$.

En revenant aux systèmes périodiques, soit M=R(τ) et L=log M. Si B=L/τ on a alors $e^{B\tau} = M$.

14.4. (Théorème de Floquet). Si la matrice A(t) est périodique de période τ , la solution du système $\dot{x} = A(t)x$ est donnée par la formule R(t)=P(t) e^{Bt} où P(t) est une matrice périodique non-singulière et B une matrice constante. En effet, B étant définie comme il a été dit, posons P(t) = R(t) e^{-Bt}; alors P(t+ τ)= R(t+ τ) $e^{-B(t+\tau)}$ = = R(t) Me$^{-B\tau}$ e^{-Bt} = R(t) e^{-Bt} =P(t).

Si nous appellons exposants caractéristiques du système périodique, aux logarithmes des racines caractéristiques de la matrice M = R(τ) divisés par τ , qui ne sont pas autre chose que les racines caractéristiques de la matrice B, on a alors:

14.5. Le théorème 14.2 reste valable lorsque A(t) est une matrice périodique.

Il faut noter que les exposants caractéristiques d'un systè-me périodique ne sont définis qu'à des multiples entiers de $2\pi i/\tau$ près, mais leurs parties réelles sont bien définies.

Nous dirons qu'un système $\dot{x} = A(t)x$, A(t) quelconque est réductible (Lyapunov), s'il existe une matrice non-singulière S(t), bornée ainsi que $\dot{S}(t)$ et $S^{-1}(t)$, telle que le changement de variables y=S(t)·x, réduise le système à

y=By où B est une matrice constante. Les systèmes réductibles ont des propriétés très analogues aux systèmes à coefficients constants et l'analogie des énoncés 14.1 et 14.4,
14.2 et 14.5 est mise en lumière par le théorème suivant
dû a Lyapunov.

14.6.   Les systèmes périodiques sont réductibles.

Il suffit en effet de faire le changement de variables
$Y=S(t)\cdot X$, $S(t)=P^{-1}(t)$ où $P(t)$ est la matrice périodique
dont parle le théorème 14.4.

D'après 13.6, on a alors $(\dot{S} = -P^{-1}\,\dot{P}\,P^{-1})$

$$SAS^{-1}+\dot{S}S^{-1} = e^{Bt}R^{-1}ARe^{-Bt} - e^{Bt}R^{-1}(\dot{R}e^{-Bt}-RBe^{-Bt})e^{Bt}R^{-1}Re^{-Bt} =$$
$$= e^{Bt}R^{-1}ARe^{-Bt} - e^{Bt}R^{-1}ARe^{-Bt} + e^{Bt}Be^{-Bt} = B.$$

On peut remarquer que, si $A(t)$ est réelle, M le sera aussi
mais en général L=log M sera imaginaire. Cependant
$L_1 = L+\bar{L}$ est un logarithme réel de la matrice M^2 qui
remplace M lorsque on considère que la période du système est 2τ au lieu de τ . La matrice réelle $P_1(t) =$
$= R(t)\,e^{-B_1 t}$, $(B_1= L_1/2\tau)$ sera alors périodique de période 2τ de sorte que on peut toujours réduire le système
réel $\dot{x}=A(t)x$, moyennant la substitution réelle de période
2τ , $y=P_1^{-1}(t)x$, au système réel à coefficients constants
$\dot{y}=B_1y$.

Cf. aussi Erugin [17] et Jakubovič [44] .

15. Si le système n'est pas réductible on ne peut pas définir de façon entièrement satisfaisante les exposants caractéristiques. On peut cependant définir des nombres qui
conservent beaucoup de propriétés des parties réelles des
exposants caractéristiques. Ces nombres sont encore ap-
pellés exposants caractéristiques par quelques mathematiciens

mais ceci se prêtant a des confusions nous utiliserons le
nom nombres d'ordre, employé par Perron; Lyapunov, qui a
été le premier à considérer ces nombres, appellait nombres
caractéristiques aux nombres d'ordre pris avec le signe
contraire.

f(t) étant une fonction scalaire, ou vectorielle, ou matricielle, non nulle on définira le nombre d'ordre de f par
la formule $\chi(f) = \lim\sup\limits_{t \to +\infty} (\log \|f(t)\|)/t$.

15.1. Pour que χ soit le nombre d'ordre de f il faut et
il suffit que $\chi < a$ entraîne $\lim\limits_{t \to +\infty} f(t) e^{-at} = 0$, et $\chi > a$
entraîne l'existence d'une suite divergente t_n telle que
$f(t_n) e^{-at_n}$ soit divergent.

15.2. $f = O(t^n)$, n quelconque, entraîne $\chi(f) = 0$.

15.3. Si $\chi(f) > \chi(g)$, alors $\chi(f+g) = \chi(f)$; si $\chi(f) = \chi(g)$, alors $\chi(f+g) \leq \chi(f)$.

15.4. $\chi(f.g) \leq \chi(f) + \chi(g)$, pourvu que f.g ait un sens;
si f est scalaire et $n > 0$, $\chi(f^n) = n\chi(f)$.

15.5. Si f est scalaire $\chi(f) + \chi(1/f) \geq 0$; pour que l'é-
galité soit vérifiée il faut et il suffit que la limite
$\lim\limits_{t \to +\infty} (\log |f(t)|)/t$ existe.

15.6. Si f est scalaire et $\chi(f) + \chi(1/f) = 0$, alors pour
n'importe quel g(t) (scalaire ou non), $\chi(f.g) = \chi(f) + \chi(g)$.

15.7. Si $F'(t) = f(t)$ et si $\chi(f) \geq 0$, alors $\chi(F) \leq \chi(f)$; si
$\chi(f) < 0$ et si $\lim\limits_{t=+\infty} F(t) = 0$, on a aussi $\chi(F) \leq \chi(f)$.
Soit $0 \leq \chi(f) < a$; alors (15.1) $\|f(t)\| < e^{at}$ pour $t \geq t_0$
d'où $\|F(t)\| \leq \|F(t_0)\| + \|\int_{t_0}^{t} f(\theta) d\theta\| \leq \|F(t_0)\| + \frac{1}{a}(e^{at} - e^{at_0})$
pour $t \geq t_0$ et finalement $\chi(F) \leq a$. Si $\chi(f) < a < a$ et
si $\lim\limits_{t=+\infty} F(t) = 0$, on a $\|F(t)\| = \|\int_{t}^{+\infty} f(\theta) d\theta\| \leq -e^{at}/a$
pour $t \geq t_0$, d'où $\chi(F) \leq a$.

Il faut remarquer que si $\chi(f) < 0$ et $\lim\limits_{t=+\infty} F(t) \neq 0$, (la limite existe puisque $\int^{+\infty} f(\theta)\, d\theta$ converge), on a toujours $\chi(F)=0$.

16. On peut maintenant définir les nombres d'ordre d'un système d'équations linéaires.

16.1. Soit $\dot{x}=A(t)x$ un système linéaire et soient $\lambda(t)$ et $\Lambda(t)$ l'infimum et le supremum du spectre de la matrice hermitienne $H(t)= \left[A(t)+A^{*}(t)\right]/2$ $(^{*})$. Alors, si $x(t) \neq 0$ est une solution quelconque du système, on a

$$\limsup_{T \to +\infty} \frac{1}{T} \int_{t_0}^{T} \lambda(\theta)\, d\theta \leq \chi(x) \leq \limsup_{T \to +\infty} \frac{1}{T} \int_{t_0}^{T} \Lambda(\theta)\, d\theta.$$

Soit $V(x)= x^{*}.x = \|x\|^{2}$. On a

$$\frac{dV}{dt} = \dot{x}^{*}x + x^{*}\dot{x} = x^{*}A^{*}x + x^{*}Ax = 2x^{*}Hx$$

et, puisque $\lambda \|x\|^{2} = \lambda V \leq x^{*}Hx \leq \Lambda \|x\|^{2} = \Lambda V$,

$$2\int_{t_0}^{t} \lambda(\theta)\, d\theta \leq \log \frac{\|x\|^{2}}{\|x_0\|^{2}} \leq 2\int_{t_0}^{t} \Lambda(\theta)\, d\theta,$$

d'où le théorème. On a aussi l'inégalité plus fine:

16.2. (Walewski $[41]$) Sous les hypothèses de 16.1 on a

$$\|x_0\|.\exp\left\{\int_{t_0}^{t} \lambda(\theta)\, d\theta\right\} \leq \|x(t)\| \leq \|x_0\|.\exp\left\{\int_{t_0}^{t} \Lambda(\theta)\, d\theta\right\}.$$

16.3. (Lyapunov). Si la matrice $A(t)$ est bornée, les nombres d'ordre des solutions du système sont bornés.

16.4. Si les solutions $x_1,\ldots, x_p$ du système $\dot{x}=A(t)x$ ont des nombres d'ordre différents $\chi_1 < \cdots < \chi_p$, ces solutions sont linéairement independantes.

Puisque, si $c_1,\ldots,c_p$ sont des constantes telles que $\sum c_i x_i = 0$ on déduit de 15.3 successivement $c_p = c_{p-1} = \ldots = c_1 = 0$.

16.5. Les différentes solutions non nulles d'un système

$(^{*})$ Nous désignons par $\bar{A}$ la matrice (complexe) conjuguée de A, par A' la matrice transformée et par $A^{*} = \bar{A}'$ la matrice adjointe .

$\dot{x}=A(t)x$ ont au plus n nombres d'ordre différents.

Un système de n solutions $x_1,\ldots,x_n$ du système $\dot{x}=Ax$ sera appellé __normal__ (Lyapunov) si une combinaison linéaire quelconque de ces solutions a un nombre d'ordre égal au plus grand des nombres d'ordre des solutions qu'entrent effectivement (c'est à dire avec coefficient non nul) dans la combinaison.

16.6. Tout système normal est fondamental.

C'est une conséquence directe de la définition.

Si $x_1,\ldots,x_n$ est un système fondamental quelconque, nous écrivons $\widetilde{\chi} = \sum \chi_i = \sum \chi(x_i)$.

16.7. Il existe des systèmes normaux et pour eux le nombre $\widetilde{\chi}$ a une valeur minimum.

En effet, si le système $x_1,\ldots,x_n$, $\chi_1 \leq \ldots \leq \chi_n$, n'était pas normal, il existe une combinaison $y_p=c_1x_1+\ldots+c_px_p$, $c_p \neq 0$ telle que $\chi(y_1) < \chi_p$. Le système $x_1,\ldots,x_{p-1}$, y_p $x_{p+1},\ldots,x_n$ est fondamental et la valeur de $\widetilde{\chi}$ est plus petite.

Puisque, d'après 16.5, $\widetilde{\chi}$ ne peut avoir qu'un nombre fini de valeurs, ce processus de diminution de $\widetilde{\chi}$ doit finir après un nombre fini d'operations de cette sorte et le système auquel on arrive est nécessairement normal.

A partir de ce moment, $\widetilde{\chi}$ désignera la valeur minimum de $\widetilde{\chi}$ pour les systèmes fondamentaux, c'est à dire la valeur commune de $\widetilde{\chi}$ pour tous les systèmes normaux.

16.8. Le nombre de fois qu'un nombre d'ordre χ_i apparaît répété dans un système normal quelconque est indépendant du système normal considéré.

Ce nombre s'appelle, __l'ordre de multiplicité__ de χ_i.

16.9. Un système $\dot{x}=A(t)x$ d'ordre n a exactement n nombres d'ordre (des solutions non nulles) comptés avec leur ordre de multiplicité.

16.10. Les nombres d'ordre d'un système linéaire à coefficients constants sont égaux aux parties réelles des exposants caractéristiques.

16.11. Si un système $\dot{x}=A(t)x$ est réductible au système à coefficients constants $\dot{y}=By$, les nombres d'ordre du système primitif sont égaux aux parties réelles des exposants caractéristiques du système réduit.

En effet, pour le système réduit les nombres d'ordre sont donnés par $\lim$ ($\log \| y(t) \|$)/t. Le théorème résulte alors de 15.2,15.5 et 15.6.

16.12. Vaut le théorème 16.10 pour les systèmes périodiques.

17. Nous allons considérer maintenant une classe importante de systèmes linéaires. (Systèmes réguliers)

17.1. Pour un système quelconque

$$\tilde{\chi} \geqslant \chi\left[\exp\left\{\int_{t_0}^{t} A(\theta)d\theta\right\}\right] = \lim_{T \to +\infty} \sup \frac{1}{T}\int_{t_0}^{T} \mathrm{Re}\, \mathrm{tr}\, A(\theta)d\theta$$

$$\geqslant -\chi\left[\exp\left\{-\int_{t_0}^{t} A(\theta)d\theta\right\}\right] = + \lim_{T \to +\infty} \inf \frac{1}{T}\int_{t_0}^{T} \mathrm{Re}\, \mathrm{tr}\, A(\theta)d\theta .$$

C'est une conséquence immédiate des théorèmes 13.1, 15.3, 15.4 et 15.5.

Un système $\dot{x}=A(t)x$ sera appelé __régulier__ (Lyapunov) si

$$\tilde{\chi} = - \chi\left[\exp\left\{-\int_{t_0}^{t} \mathrm{tr}\, A(\theta)d\theta\right\}\right] .$$

17.2. Si le système est régulier, la limite $\lim_{T \to +\infty} \frac{1}{T}\int_{t_0}^{T} \mathrm{Re}\, \mathrm{tr}\, A(\theta)d\theta$ existe et on a $\tilde{\chi}=\chi\left[\exp\left\{\int_{t_0}^{t} \mathrm{tr}\, A(\theta)d\theta\right\}\right]$

$$= -\chi\left[\exp\cdot\left\{-\int_{t_0}^{t} \mathrm{tr}\, A(\theta)d\theta\right\}\right] = \lim_{T \to +\infty} \frac{1}{T}\int_{t_0}^{T} \mathrm{Re}\, \mathrm{tr}\, A(\theta)d\theta .$$

Résulte de 15.6.

17.3 Tout système a coefficients constants ou périodiques, ou, plus généralement, tout système réductible est régulier.

Pour les systèmes à coefficients constants c'est évident

puisque alors $\mathrm{Re}\ \hbar A$ est égal à la somme des parties
réelles des exposants caractéristiques.

Si le système $\dot{x}=A(t)x$ est réductible, moyennant la transformation $y=S(t)x$, au système $\dot{y}=By$, on a, d'après 16.11.
$\tilde{\chi} = \mathrm{Re\ tr\ B.}$

D'autre part, si X est une matrice fondamentale du premier
système, Y=SX est une matrice fondamentale du second et;
d'après 13.1, $|y| = |S|\cdot|X| = |Y_0|\cdot exp\big[(t-t_0)\,tr\,B\big] =$
$|S|\cdot|X_0|exp\big[\int_{t_0}^{t} tr\,A(\theta)d\theta\big]$. Puisque $|S|$ et $|S|^{-1}$ sont bornés, il
vient $\mathrm{Re\ tr\ B} = \lim_{T\to+\infty}\frac{1}{T}\int_{t_0}^{T} Re\,\hbar\,A(\theta)\,d\theta$, d'où
$\tilde{\chi} = \lim_{T\to\infty}\frac{1}{T}\int_{t_0}^{t} Re\,\hbar\,A(\theta)\,d\theta = -\chi\big[exp\{-\int_{t_0}^{t}\hbar\,A(\theta)\,d\theta\}\big]$
et le système est régulier.

17.4. (Perron $\overline{\big[33\big]}$). Si le système $\dot{x}=Ax$ est régulier,
son adjoint $y = -\,A^{*}y$ l'est aussi. Pour que $\dot{x}=Ax$ soit régulier, il faut et il suffit que, si $\chi_1 \leq \cdots \leq \chi_n$ sont
les nombres d'ordre du système et $\chi'_1 \geq \cdots \geq \chi'_n$ ceux de
son adjoint, on ait $\chi_i + \chi'_i = 0$.

Soit X la matrice formée avec un système normal de solutions
de $\dot{x}=Ax$; alors (13.8) $Y=X^{*\,-1}$ est une matrice fondamentale
du système adjoint. Soient Δ_i les vecteurs (colonne) dont
les composants sont les compléments algébriques des éléments de la $i^{\text{ème}}$ colonne de X et soit Δ le déterminant
de X.

La $i^{\text{ème}}$ colonne de Y est alors le vecteur $y_i = \overline{\Delta_i}/\overline{\Delta}$
et de 15.3 et 15.4 on déduit $\chi(y_i) \leq \chi(\overline{\Delta_i}) + \chi(1/\overline{\Delta}) \leq$
$\leq \tilde{\chi} - \chi_i + \chi(1/\Delta)$.
Si $\dot{x}=Ax$ est régulier $\tilde{\chi} = -\chi\big[exp\{-\int_{t_0}^{t}\hbar\,A(\theta)\,d\theta\}\big] = -\chi(1/\Delta)$
d'où $\chi(y_i) \leq -\chi_i$. D'autre part, de $X^{*}Y=I$ et encore de
15.3 et 15.4 on déduit $0 \leq \chi_i + \chi(y_i)$ et finalement
$\chi(y_i) = -\chi_i$. Mais, Z étant la matrice d'un système
normal de solutions du système adjoint, on a (13.7)
$X^{*}Z = C$, C étant une matrice constante non-singulière et
en faisant des permutations eventuelles des colonnes de Z

on peut toujours supposer que la diagonale principale de
C est formée d'éléments non nuls; alors on a encore une
fois $\chi_i + \chi(z_i) \geqslant 0$ d'où $\tilde{\chi} + \tilde{\chi}' \geqslant 0$ ($\tilde{\chi}'$ étant la
somme des nombres d'ordre du système adjoint) et puisque
$-\tilde{\chi} = -\sum \chi_i = \sum \chi(y_i) \geqslant \tilde{\chi}' \geqslant -\tilde{\chi}$, s'ensuit $\tilde{\chi}' = -\tilde{\chi} =$
$= \sum \chi(y_i)$, c'est à dire Y est la matrice d'un systè-
me normal de solutions et la condition nécessaire est
démontrée.

Inversement, si $\chi_i + \chi_i' = 0$, on a $-\tilde{\chi}' = \tilde{\chi} \geqslant$
$$\geqslant \lim \sup \cdot \frac{1}{T} \int_{r_0}^{T} \operatorname{Re} \operatorname{tr} A(\theta)\, d\theta = -\lim \inf \cdot \frac{1}{T} \int_{r_0}^{T} \operatorname{Re} \operatorname{tr}[-A^*(\theta)]\, d\theta \geqslant$$
$$\geqslant \lim \sup \frac{1}{T} \int_{t_0}^{T} \operatorname{Re} \operatorname{tr}[-A^*(\theta)]\, d\theta \geqslant -\tilde{\chi}',$$
d'après 17.1. Donc tous ces nombres sont égaux et le
système est régulier.

17.5. (Lyapunov) Si la matrice A(t) est triangulaire
($a_{ij}(t) = 0$ pour $j > i$), pour que le système $\dot{x} = Ax$ soit régulier il faut et il suffit que les limites $\chi_i =$
$= \lim_{T \to \infty} \frac{1}{T} \int_{t_0}^{T} \operatorname{Re} a_{ii}(\theta)\, d\theta$ existent. Dans ce cas les χ_i
sont les nombres d'ordre du système.

Nous démontrerons seulement que la condition est suffi-
sante. Le système admet les solution x_j ayant les composantes

$(i < j)$ $x_{ij} = 0$

$(i = j)$ $x_{jj} = \exp\left\{ \int_{t_0}^{t} a_{jj}(\theta)\, d\theta \right\}$ $\left[\cdots \exp\left\{ -\int_{t_0}^{\theta} a_{ii}(\theta)\, d\theta \right\} d\theta \right.$

$(i > j)$ $x_{ij} = \exp\left\{ \int_{t_0}^{t} a_{ii}(\theta)\, d\theta \right\} \cdot \int_{\theta_0}^{t} (a_{ij} x_{jj} + \cdots + a_{i,i-1} x_{i-1,j}) \circ$

dont les dernières sont définies par récurrence par rapport a h=i-j. On a alors, successivement, d'après les
théorèmes 15.3,15.4,15.5,15.6 et 15.7 (pour appliquer
15.7 il faudra prendre $\theta_0 = +\infty$ toutes les fois que
$\chi_j - \chi_i < 0$) :

$$\chi(x_{jj}) = \chi_j$$

$$\chi(x_{j+1,j}) \leq \chi_{j+1} + \chi_j - \chi_{j+1} = \chi_j;$$

$$\chi(x_{j+2,j}) \leq \chi_{j+2} + \chi_j - \chi_{j+2} = \chi_j;$$

$$- -$$

$$\chi(x_{nj}) \leq \chi_n + \chi_j - \chi_n = \chi_j$$

et par conséquent $\chi(x_j) \leq \chi_j$, $\tilde{\chi} \leq \sum \chi(x_j) \leq \sum \chi_j =$
$= \chi\left[\exp\left\{\int_{t_0}^t t_2\, A(\theta)d\theta\right\}\right]$ et d'après 17.1 le système
est régulier, le système de solutions x_j est normal et
$\chi(x_j) = \chi_j$ sont les nombres d'ordre du système.
Considérons l'exemple suivant (Lyapunov):

$$A(t) = \begin{pmatrix} \cos \log (t+1) & \sin \log (t+1) \\ \sin \log (t+1) & \cos \log (t+1) \end{pmatrix}$$

Alors $-\chi\left[\exp\left\{-\int_0^t t_2\, A(\theta)d\theta\right\}\right] =$
$= -\chi\left[\exp\left\{1 - (t+1)\left[\cos\log(t+1) + \sin\log(t+1)\right]\right\}\right] = -\sqrt{2}$
D'autre part, le système admet les solutions

$$x_1 = \begin{pmatrix} \exp\{(t+1)\sin\log(t+1)\} \\ \exp\{(t+1)\sin\log(t+1)\} \end{pmatrix}, \quad x_2 = \begin{pmatrix} \exp\{(t+1)\cos\log(t+1)\} \\ -\exp\{(t+1)\cos\log(t+1)\} \end{pmatrix}$$

dont les nombres d'ordre sont égaux à 1 et qui forment
évidemment un système normal. Donc $\tilde{\chi} = 2 > -\sqrt{2}$ et le
système est irrégulier (on a même $\tilde{\chi} > \chi\left[\exp\left\{\int_0^t k\, A(\theta)d\theta\right\}\right] = \sqrt{2}$)
18. Nous allons considérer maintenant quelques propriétés
de stabilité des systèmes linéaires. Dans la suite nous
nous placerons toujours dans le champ réel.
18.1 Si tous les nombres d'ordre du système $\dot{x} = A(t)x$ sont
négatifs, la solutions $x=0$ est asymptotiquement stable;
s'il y a des nombres d'ordre positifs la solution $x=0$ est
instable.
C'est la généralisation des théorèmes 14.2 et 14.5, mais
le cas où les nombres d'ordre sont ≤ 0 et il y a au moins
un qui est nul reste maintenant un cas douteux. Du point
de vue pratique, cependant, le théorème ne donne pas un
critère utile de stabilité, d'où l'intérêt des théorèmes

des théorèmes qui suivent.

18.2 Si $\lim\sup\limits_{t\to+\infty}\int_{t_o}^{t} \mathrm{tr}\, A(\theta)\, d\theta =+\infty$, la solution x=0 est instable.

D'après 13.1, le déterminant $\left|R(t)\right|$ n'est pas borné et ceci implique qu'au moins une des colonnes de R n'est pas bornée.

18.3 Si $\lambda(t)$ et $\Lambda(t)$ sont le plus petit et le plus grand des autovaleurs de la matrice symétrique $H(t)=\left[A(t)+A'(t)\right]/2$ et si $\int_{t_o}^{+\infty}\Lambda(\theta)d\theta =-\infty$ la solution x=0 est asymptotiquement stable; si $\lim\sup\limits_{t\to+\infty}\int_{t_o}^{t}\Lambda(\theta)d\theta <+\infty$ la solution x = 0 est stable, et si $\lim\sup\limits_{t\to+\infty}\int_{t_o}^{t}\lambda(\theta)d\theta =+\infty$ la solution x=0 est instable.

C'est une conséquence immédiate du théorème 16.2.

Ce théorème, essentiellement dû a Ważewski [41] généralise des résultats de Butlewski [9] , Wintner [43] et Antosiewicz [1] .

18.4 Si la matrice A est constante et la matrice B(t) est telle que $\int^{\infty}\|B(\theta)\|d\theta < +\infty$, si la solution x=0 du système $\dot{x}=Ax$ est stable, elle est aussi stable pour le système $\dot{x}=\left[A+B(t)\right]x$; si x=0 est asymptotiquement stable par rapport a $\dot{x}=Ax$, elle l'est aussi par rapport à $\dot{x} = \left[A+B(t)\right]x.$

Le théorème est essentiellement dû à Dini et Hukuwara [20] et la démonstration à Bellman [5] . Dans la suite nous appellerons norme d'une matrice A, la norme au sens fonctionnel, c'est à dire $\|A\| = \sup\limits_{\|x\|=1}\|Ax\|$; on pourait aussi utiliser la norme $\|A\|_1 = \sum_{i,j}|a_{ij}|$, et on voit immédiatement que les deux normes sont equivalentes puisqu'il existe une constante k>0 qui ne dépend que de n telle que $K\|A\|_1 \leq \|A\| \leq \|A\|_1$

Si $R(t)= e^{At}$ on a, en effet, d'après 13.5, que la solu-

tion générale de $\dot{x}=\left[A+B(t)\right]x$ satisfait l'équation intégrale

$$x(t) = R(t)x_0 + \int_0^t R(t)R^{-1}(\theta)B(\theta)x(\theta)d\theta. \quad (*)$$

Si la solution x=0 du système $\dot{x}$=Ax est stable on aura
$\|R(t)\| = \|e^{At}\| < k$ pour $t \geqslant 0$; donc $\|R(t)R^{-1}(\theta)\| = \|e^{A(t-\theta)}\| < k$
pour $t \geqslant 0$, et si nous appellons r(t)= $\|x(t)\|$, en supposant
$\|x_0\|$=1, on aura

$$r(t) \leq k + \int_0^t k\,\|B(\theta)\|\,r(\theta)\,d\theta, \qquad\qquad (**)$$

d'où

$$\frac{k\,\|B(t)\|\,r(t)}{k + \int_0^t k\,\|B(\theta)\|\,r(\theta)\,d\theta} \leq k\,\|B(t)\|$$

et par intégration entre 0 et t

$$\log\left\{1 + \int_0^t \|B(\theta)\|\,r(\theta)\,d\theta\right\} \leq k \int_0^t \|B(\theta)\|\,d\theta$$

d'où d'après (**)

$$r(t) \leq k \cdot \exp\left\{k \int_0^t \|B(\theta)\|\,d\theta\right\}$$

ce qui démontre que r(t) est borné, d'où la stabilité de
x=0.

Si x=0 est asymptotiquement stable par rapport au système
$\dot{x}$=Ax, il existe une constante $\alpha > 0$ (il suffit de prendre
α tel que $\alpha + \mathrm{Re}\,\lambda_i < 0$ pour toutes les racines caractéristiques λ_i de A) telle que pour toute solution x(t) de
$\dot{x}$=Ax on a $\xi(t)$=x(t) $e^{\alpha t} \to 0$. Le système que satisfait ξ,
qui n'est autre que $\dot{x}$=(A+αI)x est alors stable et d'après
ce que nous venons de démontrer, les solutions $\eta(t)$ du
système $\dot{y}=\left[A+\alpha I+B(t)\right]\cdot y$ seront bornées. Par conséquent
les solutions y(t)= $\eta(t)\,e^{-\alpha t}$ du système $\dot{y}=\left[A+B(t)\right]y$
tendent vers 0 lorsque $t \to +\infty$.

18.5 (Caligo [10]) Si la matrice fondamentale principale
R(t) du système $\dot{x}$=A(t)x satisfait la condition $\|R(t)R^{-1}(\theta)\| <$
$< k$ = const. pour $t \geqslant 0$, et si $\int^\infty \|B(\theta)\|\,d\theta < +\infty$, alors

la solution x=0 du système $\dot{x}=\left[A(t)+B(t)\right]x$ est stable.
C'est une généralisation du théorème précédent. Il faut
observer que l'hypothèse faite sur R équivaut a la stabilité _uniforme_ de la solution x=0 du système $\dot{x}=A(t)x$.
La démonstration est identique à la précédente.

18.6 (Caligo $\left[10\right]$) Si la solution x=0 du système $\dot{x}=A(t)x$
est stable et si $\int^{+\infty}\|B(t)\|\cdot\exp\left\{-\int_0^t tr\,A(\theta)\,d\theta\right\}dt < \infty$,
la solution x=0 du système $\dot{x}=\left[A(t)+B(t)\right]x$ est stable.
La même conclusion s'applique au cas de la stabilité
asymptotique.

Puisque $\left|R(\theta)\right| = \exp\left\{\int_0^\theta tr\,A(\theta)\,d\theta\right\}$ et puisque les
colonnes de R sont bornées (x=0 étant stable), on aura
$\|R^{-1}(\theta)\| \leq R\,\exp\left\{-\int_0^\theta tr\,A(\theta)\,d\theta\right\}$. De (*) on déduit alors

$$r(t) \leq R + \int_0^t R\,\|B(\theta)\|\,\exp\left\{-\int_\theta^t tr\,A(\theta)\,d\theta\right\}r(\theta)\,d\theta$$

et le raisonnement continue comme pour le théorème 18.4.
Du point de vue de la stabilité, le théorème 18.6 donne
des résultats plus généraux que ceux trouvés par Wintner
$\left[42\right]$ et Bellman$\left[5\right]$, mais il est moins précis quant à la
caractérisation de l'allure asymptotique des solutions.
Nous dirons qu'un système (linéaire ou non) quelconque
$\dot{x}=f(x,t)$ possède la propriété L(ν,N) si quels que soient
t,x_0,t_0, $t \geqslant t_0$, on a $\|F(t,x_0,t_0)\| \leq Ne^{-\nu(t-t_0)}\cdot\|x_0\|$
(Kreĭn $\left[22\right]$); ν peut être positif ou négatif. Lorsque
$\nu > 0$ on a un type de stabilité encore plus restreint que
la stabilité asymptotico-uniforme.

18.7 Si le système $\dot{x}=A(t)x$ possède la propriété L(ν,N),
$\nu \geqslant 0$, et si $\int^{+\infty}\left(\|B(\theta)\|-\frac{\nu}{N}\right)d\theta < +\infty$, la solution
x=0 du système $\dot{x}=\left[A(t)+B(t)\right]x$ est stable. Si

$$\int^{+\infty}\left(\|B(\theta)\|-\frac{\nu}{N}\right)d\theta = -\infty,$$

la solution x=0 du système $\dot{x}=\left[A(t)+B(t)\right] x$ est asymptotiquement stable.

On déduit de (*) dans ce cas ($\|x_0\| =1$)

$$r(t) \le N e^{-\nu t} + \int_0^t N e^{-\nu(t-\theta)} \|B(\theta)\|\, r(\theta)\, d\theta .$$

En prenant $s(t) = r(t)\, e^{\nu t}$, on a l'équation analogue a (*)

$$s(t) \le N + \int_0^t N \|B(\theta)\|\, s(\theta)\, d\theta$$

et par le même raisonnement utilisé pour la démonstration
du théorème 18.4

$$s(t) \le N.\exp\left\{ N\int_0^t \|B(\theta)\| d\theta \right\}$$

et enfin $\quad r(t) \le N \exp\left\{ N\int_0^t \left(\|B(\theta)\| - \frac{\nu}{N}\right) d\theta \right\}$

ce que démontre le théorème.

Les théorèmes 18.4 et 18.5 sont des cas particuliers du
théorème 18.7 ($\nu =0$).

19. Nous passons maintenant au problème de l'existence
des fonctions V de Lyapunov pour les systèmes linéaires.

19.1 (Lyapunov) Soient A une matrice constante et U(x)
une forme algébraïque de degré $m \gtrless 1$ des composantes du
vecteur x. Si λ_i sont les autovaleurs de A et si pour tout
système $m_1,\ldots,m_n$ d'entiers non négatifs tels que $m_1+\ldots+m_n=m$
on a $m_1\lambda_1+\ldots+m_n\lambda_n \ne 0$, alors il existe une et une seule
forme V(x) de degré m telle que $(\partial V/\partial x).$ Ax=U.
Supposons que V soit une forme arbitraire avec des coefficients indéterminés. Le théorème sera prouvé dès qu'on
arrive a montrer que $\lambda =0$ n'est pas autovaleur du système
linéaire $\quad (\partial V/\partial x). $ Ax $=\lambda$ V.
Si m=1 les autovaleurs de ce système sont précisément les
λ_i . En les supposant pour un instant tous différents,
on peut trouver n formes linéaires distinctes $L_i(x)$ telles

que $(\partial L_i/\partial x).Ax = \lambda_i L_i$. Pour chaque système d'entiers non
négatifs $m_1,\ldots,m_n$ tels que $m_1+\ldots+m_n=m$, la forme de dégré
$m, V=L_1^{m_1}\ldots L_n^{m_n}$ satisfait alors l'équation

$$(\partial V/\partial x).Ax = \sum_{i=1}^{n} m_i \frac{V}{L_i}\cdot(\partial L_i/\partial x).Ax = \left(\sum_{i=1}^{n} m_i \lambda_i\right).V.$$

$\lambda = \sum_{i=1}^{n} m_i \lambda_i$ est donc autovaleur du système
$(\partial V/\partial x).Ax = \lambda V$. Si on suppose que toutes les valeurs de λ
formées de cette façon sont distictes, il est aisé de voir
que leur nombre est précisement égal au nombre de coefficients inconnus de la forme V; ces valeurs de λ forment
donc l'ensemble des autovaleurs du système. Or, on peut
toujours trouver une matrice $A(\varepsilon)$ telle que $A=A(0)$ et que
pour $\varepsilon > 0$ toutes les combinaisons $\sum m_i \lambda_i(\varepsilon)$ soient
distinctés. Par passage à la limite on voit alors que
l'ensemble des autovaleurs coïncide avec l'ensemble des
nombres $\lambda = \sum m_i \lambda_i$ même s'il y a des répétitions. Par
hypothèse ces valeurs sont différents de 0 et le théorème
est démontré.

19.2 (Lyapunov) Si les racines caractéristiques de la matrice constante A ont des parties réelles négatives, et si
U est une forme définie négative de degré m (pair), il existe une et une seule forme V(x) de degré m qui vérifie
$(\partial V/\partial x).Ax=U$ et cette forme est définie positive.
L'existence résulte de 19.1. Si V prenait des valeurs négatives, du théorème 7.4 (changer V en -V) s'ensuivrait
que la solution x=0 du système $\dot{x}=Ax$ serait instable ce
qui n'est pas le cas. Si V était nulle pour un $x_0 \neq 0$ elle
serait négative dans des points du voisinage, puisque
$(\partial V/\partial x).Ax < 0$. Donc $V(x) > 0$ pour tout $x \neq 0$.

19.3 Si la solution x=0 d'un système linéaire autonome
est asymptotiquement stable, il existe une fonction V(x)
satisfaisant aux conditions du théorème 7.1 et on peut

prendre pour V une forme de dégré (pair) quelconque.

19.4 S'il y a des autovaleurs de la matrice constante A avec partie réelle positive et si U est une forme définie positive de dégré m, il existe une forme V de dégré m et une constante positive α telles que $(\partial V/\partial x).Ax = \alpha V + U$, et V prend des valeurs positives.

L'existence résulte du fait que les autovaleurs du système (les inconnues étant les coefficients de V) $(\partial V/\partial x).Ax -$ $- \alpha V = \lambda V$ sont donnés par la formule $\lambda = \sum_{i=1}^{n} m_i \lambda_i - \alpha$ pour tout système d'entiers non négatifs m_i tels que $m_1 + \ldots + m_n = m$; on peut toujours trouver des α positifs et arbitrairement petits tels que toutes ces autovaleurs soient $\neq 0$.   Supposons que α/m est plus petit que la partie réelle positive d'une des λ_i .   Alors $(\partial V/\partial x).Ax - \alpha V =$ $= (\partial V/\partial x).(A - (\alpha/m)I)x = U$ et si V était définie négative le théorème 7.1 (changeant V en -V) assurerait la stabilité asymptotique de la solution x=0 du système $\dot{x} = (A - (\alpha/m)I).x$ dont la matrice a des racines caractéristiques à partie réelle positive, ce qui est absurde.

Mais si V s'annulle dans un point $x_0 \neq 0$ elle prend des valeurs positives dans le voisinage. Donc V prend toujours des valeurs positives.

19.5 Si la solution x=0 d'un système linéaire autonome est instable, il existe une fonction V(x) satisfaisant aux conditions du théorème 7.5 et on peut prendre pour V une forme de dégré (pair) quelconque.

19.6 Si les racines caractéristiques de la matrice A ont leurs parties réelles ≤ 0 et si celles qui ont des parties réelles nulles correspondent à des diviseurs élémentaires linéaires, il existe une forme quadratique V(x) définie positive telle que $(\partial V/\partial x).Ax$ est sémi-définie négative.

Il y a une matrice réelle non-singulière C telle que
$D=C^{-1}AC$ est la somme directe de matrices des trois types
suivants: a) p matrices $L_1,\ldots,L_p$ de premier ordre,
$L_h=(0)$, correspondantes aux racines caractéristiques nulles de A; b) q matrices $M_1,\ldots,M_q$ de deuxième ordre,
$M_h = \begin{pmatrix} 0 & \beta_h \\ -\beta_h & 0 \end{pmatrix}$ correspondantes aux paires de racines
caractéristiques imaginaires pures $\pm i\beta_h$;c) une matrice
N d'ordre $r=n-p-2q$ correspondant aux racines caractéristiques à partie réelle négative. Nous supposons la somme
directe disposée de façon que les p premières lignes et
colonnes de D correspondent aux matrices L, les 2q suivantes
aux matrices M et le reste a la matrice N.
Soit y le vecteur colonne réel de composantes $y_1,\ldots,y_n$;
u le vecteur de composantes $y_1,\ldots,y_{p+2q}$; v le vecteur
de composantes $y_{p+2q+1},\ldots,y_n$. Du théorème 19.2 résulte
qu'il existe une forme quadratique définie positive $V_2(v)=$
$=v'B_2v$ (B_2 étant la matrice symétrique de V_2) telle que
$(\partial V_2/\partial v).Nv= 2v' B_2N v$ est définie négative. Soit la
forme définie positive $V_1(y) = \|u\|^2 + V_2(v)=u'u+v' B_2 v =$
$= y' B_1 y$, où B_1 est la somme directe de la matrice identi-
té d'ordre p+2q et de la matrice B_2.
On a $(\partial V_1/\partial y).Dy=2y' B_1 D \bar{y} = 2u' L u + 2v' B_2 N v \leqslant 0$,
puisque L étant la somme directe des matrices L_h et M_h
on vérifie immédiatement que u' Lu = 0.
Soit B la matrice symétrique $C'^{-1} B_1 C^{-1}$ et $V(x)=x'Bx$.
Si on écrit x=Cy, on aura $V(x)=y'C'C'^{-1}B_1C^{-1}Cy= y'B_1 y =$
$= V_1(y)$ de sorte que V est définie positive. D'autre part
$(\partial V_1/\partial x).Ax=x'BAx = y'C'C'^{-1}B_1C^{-1}ACy = y' B_1Dy \leqslant 0$.
19.7 Si la solution x=0 d'un système linéaire autonome
est stable, il y a une forme quadratique V(x) satisfaisant
aux hypothèses du théorème 6.1.

19.8 Si le système $\dot{x}=A(t)x$ est réductible et la solution
x=0 est respectivement stable, asymptotiquement stable
ou instable, il existe une fonction V(x,t) qui est une
forme quadratique dans les composantes de x avec des coefficients qui sont des fonctions bornées de t, telle que
sont satisfaits les hypothèses des théorèmes respectifs de
Lyapunov. Si le système est périodique, les coefficientes
de V sont périodiques (mais la période sera, en général
double de celle du système).
Soit y=S(t)x le changement de variables qui réduit
$\dot{x}=A(t)x$ à $\dot{y}$=By, où $B = S\,A\,S^{-1} + \dot{S}\,S^{-1}$, et soit
$V_1(y) = y'\,Hy$ (H symétrique) la forme quadratique rélati-
ve a $\dot{y}= B\,y$ formée d'après les théorèmes 19.7,19.3 ou
19.5. respectivement .
Soit finalement V(x,t) = y'S' H S y. Si on observe que
$\dot{S}= B\,S - S\,A$ et que x' S'B'H S x = x'S'H B S x = y'H B y,
x' A'S' H S x = x'S' H S A x, puisque ces quantités sont
des scalaires et par conséquent symétriques, on a

$$dV/dt = \left(\partial V/\partial t\right) + \left(\partial V/\partial x\right)\cdot A x = x'\dot{S}'HS x + x'S'H\dot{S}x + 2x'S'HSAx$$
$$= x'S'B'HSx - x'A'S'HSx + x'S'HBSx - x'S'HSAx +$$
$$+ 2x'S'HSAx = 2y'HBy = dV_1/dt$$

et le théorème est démontré.
Cependant, pour des systèmes plus généraux, les théorèmes
de Lyapunov ne sont pas invertibles, comme le montre
l'exemple du numéro 7. On peut démontrer les théorèmes
généraux suivants.
19.9 (Persidskiǐ [36]) Etant donné un système $\dot{x}=A(t)x$,
s'il existe une fonction V(x,t) définie dans $S_n(a)\times J^{+}$,
qui est définie positive, possède une borne supérieure
infiniment petite et telle que dV/dt est définie négative,
alors le système possède la propriété L(ν ,N) avec $\nu >$0.

D'après les hypothèses, il existe des fonctions continues croissantes $\alpha(r)$, $\beta(r)$, $\gamma(r)$ qui s'annullent pour $r=0$ telles que $\alpha(\|x\|) \le V(x,t) \le \beta(\|x\|)$, $dV/dt \le -\gamma(\|x\|)$.

D'après 8.1 la stabilité est uniforme et $\|R(t)R^{-1}(t_o)\| \le k$ pour $t \ge t_o$.

Soit
$$T = \frac{\beta(a/k) - \alpha(a/2k^2)}{\gamma(a/2k^2)} .$$

J'affirme que pour tout $t_o \ge 0$ et tout $t \ge t_o + T$ on a $\|R(t)R^{-1}(t_o)\| < 1/2$.

Soit en effet $x = F(t,x_o,t_o)$ une solution quelconque avec $\|x_o\| = a/k$; alors pour $t \ge t_o$ on a $\|x\| < a$. Si dans l'intervalle $t_o \le t \le t_o + T = t_1$ on avait $\|x\| \ge a/2k^2$, il viendrait $dV/dt \le -\gamma(a/2k^2)$ et $V(x_1,t_1) - V(x_o,t_o) \le -\gamma(a/2k^2) T = -\beta(a/k) + \alpha(a/2k^2)$, ce que contredit les inegalités $V(x_o,t_o) \le \beta(a/k)$, $V(x_1,t_1) \ge \alpha(a/2k^2)$. Donc il y a un point (x_2,t_2) sur la trajectoire, avec $t_o < t_2 \le t_1$ tel que $\|x_2\| = a/2k^2$ et pour $t \ge t_2$ on aura $\|x\| < a/2k$. Autrement dit $\|R(t)R^{-1}(t_o) x_o\| \le a/2k = \|x_o\|/2$ pour tout x_o tel que $\|x_o\| = a/k$ et $t \ge t_o + T$, d'où $\|R(t)R^{-1}(t_o)\| \le 1/2$ pour $t \ge t_o + T$.

Par conséquent, si $t \ge t_o + m T$, on aura $\|R(t)R^{-1}(t_o)\| \le 2^{-m}$ et il suffit de prendre $N=2$, $\nu = (\log 2)/T$ pour vérifier la propriété $L(\nu, N)$.

19.10 (Malkin [25]) Si le système $\dot{x} = A(t)x$ possède la propriété $L(\nu, N)$, $\nu > 0$, il existe une fonction $V(x,t)$ définie positive, ayant une borne supérieure infiniment petite et telle que dV/dt est définie négative. On peut même prendre pour V une forme de dégré m quelconque (pair) dans les composantes de x, avec des coefficients qui sont des fonctions bornées et continument différentiables de t, telle que $dV/dt = -W(x,t)$, W étant une forme de la même nature, définie positive, donnée à l'avance.

Soit $V(x,t) = \int_t^{+\infty} W\left[R(\theta)R^{-1}(t)x, \theta\right] d\theta$; ceci
assure que $dV/dt = -W$. D'autre part, les coefficients de V
sont $\leq M \int_t^{+\infty} N^m e^{-m\nu(\theta-t)} = \dfrac{M N^m}{m\nu}$ où M est une
borne des coefficients de W. Il s'ensuit que V possède
une borne supérieure infiniment petite. Le fait que V est
définie positive résulte comme pour le théorème 12.1.

19.11 (Perron [34]) Si pour toute fonction vectorielle f(t)
bornée dans J^+ les solutions du système $x=A(t)x + f(t)$ sont
bornées dans J^+, alors le système $\dot{x}=A(t)x$ possède la propriété $L(\nu, N)$, $\nu > 0$.

La démonstration donnée par Perron est très compliquée; la
démonstration très élégante qui suit est due a Kreĭn [22]
et a été généralisée par Kučer [23] ; Bellman [6] a employé
essentiellement la même méthode dans un travail publié
simultanément avec celui de Kreĭn mais ses résultats sont un
peu moins généraux.

Soit B l'espace de Banach de toutes les fonctions vecto-
rielles bornées dans J^+ avec la norme $\|f(t)\|_B = \sup_{t \in J^+} \|f(t)\|$
et soit T_θ l'operation linéaire de B à E_n définie par
$T_\theta[f(t)] = y(\theta)$ où y(t) est la solution de l'équation
$\dot{y}=A(t)y + f(t)$, $y(0)=0$. Pour chaque $f(t) \in B$ fixe et pour
n'importe quel $\theta \in J^+$ on a, par hypothèse, $\|T_\theta[f(t)]\| \leq k$;
la famille d'operations $\{T_\theta\}$ étant alors bornée pour
chaque $f(t) \in B$, il résulte d'un théorème bien connu
de l'analyse fonctionnelle que les normes $\|T_\theta\|$ forment un
ensemble borné, c'est à dire qu'il existe un $M > 0$ tel que
$\|y(\theta)\| \leq M \|f(t)\|_B$ pour tout $\theta \in J^+$ et tout $f \in B$,
soit $\|y(t)\|_B \leq M \|f(t)\|_B$.

Soit maintenant $0 < \nu < 1/M$, $x_0 \neq 0$ et $t_0 \geq 0$ quelconques.
Soit x(t) la solution de $\dot{x}=A(t)x$ avec les conditions initiales (x_0, t_0), et soit $f(t) = \nu e^{\nu(t-t_0)} x(t)$ pour
$t_0 \leq t \leq t_1$, f(t)=0 ailleurs. La solution correspondante du

système $\dot{y}=A(t)y+f(t)$, $y(0)=0$, est $y=0$ pour $0 \leqslant t \leqslant t_0$, $y=(e^{\nu(t-t_0)}-1)x(t)$ pour $t_0 \leqslant t \leqslant t_1$, $y=(e^{\nu(t_1-t_0)}-1)x(t)$ pour $t \geqslant t_1$.

Prenons, en premier lieu, $t_1 = t_0 + T$ où $T > 0$ est un nombre indépendant de t_0 (ceci résulte du fait que $A(t)$ est borné) tel que $\|x_0\|/2 \leqslant \|x(t)\| \leqslant 2\|x_0\|$ pour $t_0 \leqslant t \leqslant t_1$, et $e^{\nu T} < 2$. Dans ce cas $\|f\|_B \leqslant 4\nu \cdot \|x_0\|$ et, $\|y\|_B \geqslant (e^{\nu T}-1) \cdot$

$\cdot \sup_{t \geqslant t_1} \|x(t)\|$; de l'inégalité $\|y\|_B \leqslant M\|f\|_B$ résulte alors

$\sup_{t \geqslant t_0} \|x(t)\| \leqslant 4\|x_0\|/(e^{\nu T}-1) = K\|x_0\|$ c'est à dire la stabilité uniforme.

En second lieu prenons $t_1 \geqslant t_0$ quelconque. Alors

$$\|f\|_B = \nu \sup_{(t_0,t_1)} \left\{ e^{\nu(t-t_0)} \|x(t)\| \right\}, \quad \|y\|_B \geqslant \sup_{(t_0,t_1)} \left\{ (e^{\nu(t-t_0)}-1)\|x(t)\| \right\} \geqslant$$

$$\geqslant \sup_{(t_0,t_1)} \left\{ e^{\nu(t-t_0)} \|x(t)\| \right\} - K\|x_0\| .$$

De l'inégalité $\|y\|_B \leqslant M\|f\|_B$ résulte alors

$$\sup_{(t_0,t_1)} \left\{ e^{\nu(t-t_0)} \|x(t)\| \right\} \leqslant \frac{K}{1-M\nu} \|x_0\| \qquad \text{et enfin}$$

$$\|x(t_1)\| \leqslant K/(1-M\nu) \cdot \|x_0\| \, e^{-\nu(t_1-t_0)} .$$

20. Nous étudions maintenant la stabilité en première approximation. Le théorème suivant est essentiellement dû a Malkin [27] mais, avec les mêmes hypothèses, qu'il a utilisées, on peut démontrer l'uniformité de la stabilité.

20.1 Soit $f(x)$ une fonction vectorielle homogène de dégré m $(f(\rho x)=\rho^m f(x))$. Si la solution $x=0$ du système $\dot{x}=f(x)$ est asymptotiquement stable, il existe un nombre $M > 0$ tel que pour n'importe quelle fonction $g(x,t)$ satisfaisant à la condition $\|g(x,t)\| \leqslant M \cdot \|x\|^m$, la solution $x=0$ du système $\dot{x}=f(x)+g(x,t)$ est asymptotico-uniformément stable. D'après 12.2 il existe une fonction $V(x)$ définie positive, appartenant à la classe C^2, telle que $(\partial V/\partial x) \cdot f(x)$ est définie négative. Appelons $\sigma(1)$ une quelconque des hypersurfaces $V(x)=$const; $\sigma(1)$ possède courbure continue

et les vecteurs f sont dirigés vers l'intérieur de $\sigma(1)$
et forment avec la normale extérieure un angle dont le
cosinus est $< -2\alpha$ où α est un certain nombre positif.
Soit $\sigma(\rho)$ la surface homothétique de $\sigma(1)$ par rapport à
l'origine avec un rapport d'homothétie ρ quelconque
(les surfaces $\sigma(\rho)$ peuvent s'entrecouper). Puisque
dans les points correspondants les normales aux surfaces
$\sigma(1)$ et $\sigma(\rho)$, ainsi que les vecteurs f, sont paralléles,
le cosinus de l'angle formé par f et la normale externe
a $\sigma(\rho)$est $<-2\alpha$. On peut alors trouver M assez petit
pour que le cosinus de l'angle formé par le vecteur f+g et
la normale externe a $\sigma(\rho)$ soit $<- \alpha$ pour n'importe
quel point de la surface $\sigma(\rho)$, pour n'importe quelle
valeur de ρ et de t. Il s'ensuit que, si une solution
quelconque du système $\dot{x}=f(x)+g(x,t)$ coupe une surface
quelconque $\sigma(\rho)$ dans un point (x_0,t_0) elle reste à
l'intérieur de $\sigma(\rho)$ pour $t>t_0$.
Soit $\sigma'(1)$ une surface paralléle interne à $\sigma(1)$ à une
distance suffisamment petite pour assurer la régularité
de $\sigma'(1)$ et la vérification de la condition suivante:une
demi-droite quelconque qui passe par un point quelconque
x de $\sigma(1)$ et forme avec la normale externe à $\sigma(1)$ un
angle dont le cosinus est $<- \alpha$, coupe $\sigma'(1)$ dans un
premier point x' tel que la distance de x' à x' est
$< \beta$, β étant un nombre positif assez petit, indépendant
de la demidroite considérée. Soit H(1) l'ensemble ouvert
compris entre $\sigma(1)$ et $\sigma'(1)$, r, r', les rayons de sphères
de centre O telles que la première contient $\sigma(1)$ et la
seconde est contenue dans l'intérieur de $\sigma'(1)$, et soit
$\|f(x)\| \geq 2N > 0$ pour $\|x\| \geq r'$ (f ne peut pas s'annuller
pour $x\neq 0$ en vertu de l'hypothèse de stabilité asymptotique
du système $\dot{x}=f$).

Si $\sigma'(\rho)$, $H(\rho)$ sont définis par homotétie, on a les
propriétés suivantes: a) une demidroite quelconque passant
par un point x de $\sigma(\rho)$ et formant avec la normale externe
un angle dont le cosinus est $< -\alpha$ coupe $\sigma'(\rho)$ dans un
point x' qui diste $< \beta\rho$ de x; b) la sphère de rayon $\rho\tau$
contient $\sigma(\rho)$ et celle de rayon $\rho\tau'$ est contenue à
l'intérieur de $\sigma'(\rho)$; c) pour tout point de $G(\rho)$ on a
$\|f\| \geq 2\rho^m N$. En prenant M encore plus petite,
s'il le faut, pour que $\|f(x)+g(x,t)\| \geq \|f(x)\|/2$, on
peut alors affirmer que si (x_0,t_0) est un point quelconque,
$x_0 \in H(\rho)$, la solution du système $\dot{x}=f(x)+g(x,t)$ qui
part du point (x_0,t_0) coupe $\sigma'(\rho)$ dans un point (x_0',t_0')
tel que $t_0' \leq t_0 + \beta\rho^{1-m}/N$.
Après ces préliminaires la démonstration du théorème se
termine rapidement. En premier lieu, si $\varepsilon > 0$ et $\delta(\varepsilon) =$
$= \cdot r'\varepsilon/r$, et si $\|x_0\| \leq \delta = \rho\tau'$, x_0 est intérieur a
$\sigma'(\rho)$ et par conséquent, pour $t \geq t_0$, $G(t,x_0,t_0)$ (solution
du système $\dot{x}=f(x)+g(x,t)$) est intérieur à $\sigma(\rho)$, c'est à
dire $\|G(t,x_0,t_0)\| \leq \rho\tau = \varepsilon$; donc x=0 est uniformément
stable.
En second lieu, soit $\delta_0 = \tau'^2/\tau$ et soit ε quelconque
$0 < \varepsilon < \delta_0$. Les ensembles ouverts $H(\rho)$ couvrent
l'ensemble compact $\tau'\varepsilon/\tau \leq \|x\| \leq \tau'$. Soit $\{H(\rho_1),...$
$..., H(\rho_\kappa)\}$ un recouvrement fini et $T(\varepsilon) = \sum_1^\kappa \beta\rho_i^{1-m}/N$.
Si x_0 est un point quelconque, $\|x_0\| < \delta_0$, on aura
$x_0 \in H(\rho_{i_0})$; la courbe intégrale du système $\dot{x}=f(x) +$
$+g(x,t)$ qui part de (x_0,t_0) coupe $\sigma'(\rho_{i_0})$ dans un point
(x_1,t_1) avec $t_1-t_0 < \beta\rho_{i_0}^{1-m}/N$.
Si $\tau'\varepsilon/\tau < \|x_1\| \leq \tau'$, on aura $x_1 \in H(\rho_{i_1})$, $i_1 \neq i_0$
et la courbe intégrale coupera $\sigma'(\rho_{i_1})$ dans un point
(x_2,t_2) avec $t_2-t_1 < \beta\rho_{i_1}^{1-m}/N$, et ainsi de suite.

Les indices $i_0, i_1, \ldots$ sont tous différents puisque dès que
la courbe coupe $\sigma'(\rho)$ elle ne peut plus rentrer dans $H(\rho)$.
Alors, au bout d'un nombre fini de pas que réprésentent
un intervalle de temps au plus égal a $T(\varepsilon)$, la condition
$z'\varepsilon/z \leq \|x\| \leq z'$ ne pourra plus être satisfaite et
puisque (d'après les bornes établies pour la stabilité
uniforme) on a toujours $\|x\| \leq z'$, il y aura nécessai-
rement un $\vartheta \leq t_0 + T(\varepsilon)$ pour lequel $\|G(\vartheta, x_0, t_0)\| < z'\varepsilon/z$
et encore une fois par la stabilité uniforme, on aura
$\|G(t, x_0, t_0)\| < \varepsilon$ pour $t \geq \vartheta$ et a fortiori pour $t \geq t_0 + T(\varepsilon)$.
20.2 Si $f(x)$ est une fonction vectorielle homogène de
dégré m, si la solution $x=0$ du système $\dot{x}=f(x)$ est asymptoti-
quement stable, et si $\|g(x,t)\| = O(\|x\|^m)$ (uniformément par
rapport à t), alors la solution $x=0$ du système $\dot{x}=f(x) +$
$+g(x,t)$ est asymptotico-uniformément stable.

Si m=1 on peut préciser et généraliser ces résultats:
20.3 Si le système $\dot{x}=A(t)x$ est réductible, pour que la
 solution $x=0$ du système $\dot{x}=A(t)x+g(x,t)$ soit stable quel
que soit $g(x,t)$ satisfaisant à la condition $\|g(x,t)\| \leq M\|x\|$,
où M est une constante suffisamment petite, il faut et il
suffit que la solution $x=0$ de $\dot{x}=A(t)x$ soit asymptotiquement
stable. Dans ce cas, la solution $x=0$ de $\dot{x}=A(t)x + g(x,t)$
est asymptotico-uniformément stable.

Soit $y=S(t)x$ le changement de variables, que réduit
$\dot{x}=A(t)x$ à $\dot{y}=By$, avec $B = S A S^{-1} + \dot{S} S^{-1} = $ const. La même
substitution $\dot{x}=A(t)x + g(x,t)$ ($*$) à $\dot{y}=By+S\cdot g(S^{-1}y,t)$ ($**$).
Si $x=0$ est solution asymptotiquement stable de $\dot{x}=Ay$, $y=0$
sera solution asymptotiquement stable de $\dot{y}=By$; d'après 20.1
il existe un M_1 tel que si $\|Sg(S^{-1}y, t)\| \leq M_1 \cdot \|y\|$, $y=0$
sera solution asymptotico-uniformement stable de ($**$);
il suffit alors de prendre: $M = M_1/K^2$, où K est une borne
supérieure de $\|S(t)\|$ et de $\|S^{-1}(t)\|$ pour que la condition

suffissante du théorème soit démontrée.

Si x=0 n'était pas une solution asymptotiquement stable du système $\dot{x}$=A(t)x, y=0 ne serait pas une solution asymptotiquement stable du système $\dot{y}$=By et il existerait un $\varepsilon > 0$ et une solution y(t) de $\dot{y}$=By tels que $\|y(t)\| \geqslant \varepsilon/\kappa$, d'où la solution correspondante x(t) de $\dot{x}$=A(t)x satisferait $\|x(t)\| \geqslant \varepsilon$ pour $t \geqslant t_0$. Mais alors la solution x=0 du système $\dot{x}$=A(t)x + g(x,t), où g(x,t)= Mx, M > 0 étant arbitrairement petit, serait instable, puisque ce système admet la solution $e^{Mt}x(t)$.

20.4 Si le système $\dot{x}$=A(t)x est réductible, pour que la solution x=0 du système $\dot{x}$=A(t)x + g(x,t) soit stable quel que soit g(x,t) satisfaisant à la condition $\|g(x,t)\| = O\left(\|x\|^{m}\right)$

$m \geqslant 1$ quelconque, il faut et il suffit que la solution x=0 de $\dot{x}$=A(t)x soit asymptotiquement stable. Dans ce cas, la solution x=0 de $\dot{x}$=A(t)x + g(x,t) est asymptotico-uniformément stable.

La démonstration précédente reste valable, sauf la dernière partie. Il suffit de prendre $g(x,t) = \|x(t)\| \cdot \|x\|^{m}.x$ pour que le système $\dot{x}$=A(t)x + g(x,t) admette une solution de la forme x= r(t).x(t),r(t) étant un scalaire positif satisfaisant l'équation $\dot{r} = r^{m+1}.\|x(t)\|^{m+1}$, d'où
$$r_0^{-m} - r^{-m} = m \int_{t_0}^{t} \|x(t)\|^{m+1} \, dt \quad ; \quad \text{il vient alors } r(t) \to \infty$$
pour $t \to t_1$ où $t_1-t_0 \leqslant r_0^{-m} \cdot \varepsilon^{-(m+1)}/m$.

20.5 Si la solution x=0 du système réductible $\dot{x}$=A(t)x est instable, il existe un M > 0 tel que pour toute fonction g(x,t) telle que $\|g(x,t)\| \leqslant M\|x\|$, la solution x=0 du système $\dot{x}$=A(t)x + g(x,t) est instable.

D'après 19.8 il existe une forme quadratique V(x,t) prenant des valeurs positives, telle que $(\partial V/\partial t) + (\partial V/\partial x).$ $= \alpha V + W$ où W est une forme quadratique définie positive et α une constante positive.

Alors $(\partial V/\partial t) + (\partial V/\partial x).\left[Ax + g(x,t)\right] = \alpha V + W_1$ où
$W_1 = W + (\partial V/\partial x).g$ est aussi une fonction définie positive dès
que M est suffisamment petit; on applique alors le théorè-
me 7.5.

Si la "première approximation" est linéaire réductible, on
peut donc démontrer la stabilité ou instabilité par la simple
inspection des numéros d'ordre (parties réelles des exposants caractéristiques) sauf dans le cas où tous ces numéros sont ≤ 0 mais il y en a quelques uns qui sont nuls.
Nous n'étudierons pas dans ces leçons ces "cas critiques"
(voir $\left[24\right]$ et $\left[28\right]$).

Mais si la première approximation n'est pas réductible la
solution x=0 du système non-linéaire peut être instable
même si les numéros d'ordre de la partie linéaire sont
tous négatifs, comme le montre l'exemple suivant dû a Perron
$\left[34\right]$ (x_1, x_2 composantes du vecteur x):

$$\begin{cases} \dot{x}_1 = -a\,x_1 \\ \dot{x}_2 = \left[\sin\log(t+1) + \cos\log(t+1) - 2a\right]x_2 + x_1^2 \end{cases}$$

où $2 < 4a < 2 + e^{-4\pi/3}$. La solution du système linéaire
correspondant est

$$x_1 = c_1\,e^{-at} \quad , \quad x_2 = c_2\,e^{(t+1)\sin\log(t+1) - 2at}\quad ,$$

dont les nombres d'ordre sont $-a$ et $1-2a < 0$.
Le système non linéaire admet les solution

$$x_1(t) = c\,e^{-at} \quad , \quad x_2(t) = c^2\,e^{(t+1)\sin\log(t+1) - 2at} \cdot \int_0^t e^{-(\theta+1)\sin\log(\theta+1)}\,d\theta .$$

Soit $\log(t_n+1) = \left(2n + \tfrac{1}{2}\right)\pi$, $\log(t'_n+1) = \left(2n - 5/6\right)\pi$,
$\log(t''_n+1) = (2n - \tfrac{1}{6})\pi$. Alors $\sin\log(t_n+1) = 1$ et
pour $t'_n \leq \theta \leq t''_n$, $\sin\log(\theta+1) \leq -1/2$; donc

$$\frac{x_2(t_n)}{c^2} = e^{(t_n+1)\sin\log(t_n+1) - 2at_n} \cdot \int_0^{t_n} e^{-(\theta+1)\sin\log(\theta+1)}\,d\theta >$$

$$> e \cdot e^{(1-2a)t_n} \cdot \int_{t'_n}^{t''_n} e^{-(\vartheta+1)\sin\log(\vartheta+1)}\, d\vartheta > e \cdot e^{(1-2a)t_n} \cdot e^{\frac{1}{2}(t'_n+1)} \cdot (t''_n - t'_n).$$

Mais $t''_n - t'_n \to \infty$ et d'autre part $t'_n + 1 = (t_n + 1)e^{-4\pi/3}$,

d'où $e \cdot e^{(1-2a)t_n} \cdot e^{\frac{1}{2}(t'_n+1)} = e^{1+\frac{1}{2}e^{-4\pi/3}} \cdot e^{(1-2a+\frac{1}{2}e^{-4\pi/3})t_n} \to \infty$

et par conséquent $x_2(t_n) \to \infty$.

Persidskiĭ $[35]$ a démontré les théorèmes suivants (Comparer 20.3 et 20.6 et d'autre part 20.7 et 19.11).

20.6 Si le système $\dot{x}=A(t)x$ possède la propriété L(ν,N), $\nu > 0$, pour toute g(x,t) telle que $\| g(x,t) \| \leq M \cdot \| x \|$ où M est une constante assez petite, la solution x=0 du système $\dot{x}=A(t)x+g(x,t)$ est asymptotico-uniformément stable.

D'après 19.10, il existe une forme quadratique V(x,t) dont les coefficients sont des fonctions bornées de t, telle que $(\partial V/\partial t) + (\partial V/\partial x) \cdot A(t)x = -\|x\|^2$. Alors $(\partial V/\partial t) + (\partial V/\partial x) \cdot [A(t)x + g(x,t)] = -\|x\|^2 + (\partial V/\partial x) \cdot g(x,t)$ est définie négative si M est assez petit et on peut appliquer 8.2.

20.7 Si pour un certain $m > 1$ la solution $x=0$ du système $\dot{x}=A(t)x + g(x,t)$ est stable quel que soit g(x,t) satisfaisant à la condition $\| g(x,t) \| = 0\ (\| x \|^m)$ (uniformément par rapport à t), et si la solution $x=0$ du système $\dot{x}=A(t)x$ est uniformément stable, alors le système $\dot{x}=A(t)x$ possède la propriété L(ν,N), $\nu > 0$.

Soit R(t) la matrice fondamentale principale du système $\dot{x}=A(t)x$, et K une borne de $\| R(t) R^{-1}(t_0) \|$ pour tout $t \geq t_0$. Prenons $g(x,t)= \| x \|^m \cdot x$ et cherchons des solutions du système $\dot{x}=A(t)x + g(x,t)$ de la forme $r(t) \cdot R(t) \cdot R^{-1}(t_0) \cdot u_0$, où r(t) est un scalaire, $r(t_0)=1$, et u_0 un vecteur quelconque $\| x_0 \| = 1$.

On trouve
$$\dot{r}(t) = [r(t)]^{m+1} \cdot \| R(t) \cdot R^{-1}(t_0) \cdot u_0 \|^m,$$
$$1 - [r(t)]^{-m} = m \int_{t_0}^{t} \| R(\vartheta) \cdot R^{-1}(t_0) \cdot u_0 \|^m\, d\vartheta\ ;$$

alors, dans l'intervalle (t_0, t_0+T), où $T=(2k)^M/m$, il y a
au moins un point t_1 pour lequel $\| R(t_1)\, R^{-1}(t_0) u_0 \| < {}^1/_{2K}$
et par conséquent, pour $t \geqslant t_1$ et à fortiori pour $t \geqslant t_0+T$
$\| R(t)\, R^{-1}(t_0) \| < 1/2$. Comme dans le théorème 19.9 il
suffit alors de prendre $N=2$, $\nu=(\log 2)/T$.

Le Théorème suivant généralise des résultats de Lyapunov
et Četaev $[14,15]$ (Comparer avec 20.4):

20.8 Supposons que les numéros d'ordre $\chi_1,\ldots,\chi_n$ du
système $\dot{x}=A(t)x$ satisfont l'inégalité $(m-1)\chi_i + \sigma < 0$ où
$\sigma = \tilde{\chi} + \chi\left\{ \exp\left[-\int_{t_0}^{t} t_2\, A(\theta)\, d\theta \right] \right\} \geqslant 0$ (si le système est
régulier $\sigma = 0$ et il suffit de supposer que les χ_i sont
négatifs); alors, pour toute fonction $g(x,t)$ satisfaisant
$\| g(x,t) \| < \| x \|^m, m > 1$, la solution $x=0$ du système $\dot{x}=A(t)x +$
$+ g(x,t)$ est asymptotiquement stable.

Soit $\varepsilon > \sigma/(m-1)$ un nombre tel que $\chi_i < -\varepsilon$, soit D la
matrice diagonale $\{ \chi_1 + \varepsilon, \ldots, \chi_n + \varepsilon \}$ et $X(t)$ la matrice formée avec un système normal de solutions de
$\dot{x}=A(t)x$, χ_i étant le nombre d'ordre de la i^{ème} colonne.
Faisons le changement de variables $x=X(t)\, e^{-Dt}.z$, $z =$
$= e^{Dt} X^{-1}(t)x$; l'équation en z est

$$\dot{z} = Dz + e^{Dt} X^{-1}(t) \cdot g\left[X(t)\, e^{-Dt} z, t \right] .$$

La i^{ème} ligne de $X^{-1}(t)$ est formée par les éléments Δ_{ij}/Δ
où $\Delta = |X(t)|$ et Δ_{ij} est le complément algébrique de
x_{ij} dans X. Le nombre d'ordre de cette ligne est alors

$$\leqslant \sup_j \chi(\Delta_{ij}) + \chi(1/\Delta) \leqslant \chi_1 + \cdots + \chi_{i-1} + \chi_{i+1} + \cdots + \chi_n + \chi\left\{ \exp\left[-\int_{t_0}^{t} A(t)\, dt \right] \right\} = \sigma - \chi_i$$

Le nombre d'ordre de la i^{ème} colonne de $X(t) \cdot e^{-Dt}$ est
alors $\chi_i - (\chi_i + \varepsilon) = -\varepsilon$ et celui de la i^{ème} ligne de
$e^{Dt} X^{-1}(t)$ est $\leqslant \chi_i + \varepsilon + \sigma - \chi_i = \sigma + \varepsilon$.

Par conséquent

$$\left\| e^{Dt} X^{-1}(t)\, g\left[X(t)\, e^{-Dt} z, t \right] \right\| \leqslant \left\| e^{Dt} X^{-1}(t) \right\| \cdot \left\| X(t)\, e^{-Dt} \right\|^m \cdot \| z \|^m$$

et puisque $\chi\left\{\|e^{Dt}X^{-1}(t)\|\cdot\|X(t)e^{-Dt}\|^m\right\} \leq \sigma + \varepsilon - m\varepsilon < 0$,

il vient $\|e^{Dt}X^{-1}(t)\,g[X(t)e^{-Dt}z,t]\| \leq K\|z\|^m$

Puisque $\chi_i + \varepsilon < 0$, la solution x=0 de l'équation en z est alors asymptotiquement stable et puisque $\chi(x) \leq$

$\leq \chi\left\{X(t)e^{-Dt}\right\} + \chi(z) \leq -\varepsilon$, le théorème est démontré.

En réalité on a démontré que, sous les hypothèses faites on a $\chi(x) \leq \sup \chi_i$ pour toute solution du système $\dot{x} =$ =A(t)x + g(x,t).

Finalement, du théorème 20.5 résulte:

20.9 Si f(x,t) est périodique en t et appartient à la classe C^1, la stabilité totale de la solution x=0 entraîne la stabilité asymptotique.

En effet, soit f(x,t) = A(t)x + g(x,t), où $\|g(x,t)\| \leq$

$\leq O(\|x\|)$. La solution x=0 du système $\dot{x}=(A(t)+\varepsilon I)x +$ +g(x,t) sera stable pour $\varepsilon > 0$ suffisamment petit, à cause de la stabilité totale de la solution x=0 du système $\dot{x} =$ = A(t)x + g(x,t). D'après 20.5, les exposantes caracté- ristiques du système $\dot{x}=\left[A(t)+\varepsilon I\right]\cdot x$ sont ≤ 0; ceux de $\dot{x}=A(t)x$ sont donc $\leq -\varepsilon < 0$ et d'après 20.4 la solu- tion x=0 du système $\dot{x}=A(t)x + g(x,t) = f(x,t)$ est asympto- tiquement stable.

En rapprochant ce résultalt du théorème 9.3 on peut énoncer:

20.10 Pour les systèmes périodiques $\dot{x}=f(x,t)$ où f(x,t) appartient à la classe C^1, les notions de stabilité asympto- tique et de stabilité totale coincident.

B I B L I O G R A P H I E

1. Antosiewicz,H.A. - A note on asymptotic stability.
    Quart. Appl. Math. 9 (1951) 317-319.

2. Artem'ev,N.A. - Mouvements réalisables ÷ Izvestiya
    Akad. Nauk SSSR, Ser. Mat. 3 (1939) 351-367.

3. Barbašin,E.A. - La méthode de la section dans la théo-
    rie des systèmes dynamiques. Mat. Sbornik 29 (1951)
    233-280.

4. Barbašin,E.A. et Krasovkiĭ,N.N. - Sur la stabilité du
    mouvement "im grossen . Doklady Akad. Nauk SSSR
    86 (1952) 453-454.

5. Bellman,R. - The boundedness of solutions of linear dif-
    ferential equations. Duke Math. Journal 14 (1947)
    83-97.

6. Bellman,R. - On an application of a Banach-Steinhaus
    theorem to the study of the boundedness of solu-
    tions of non-linear differential and difference
    equations. Annals of Math. 49 (1948) 515-522.

7. Bellman,R. - A survey of the Theory of Boundedness,
    Stability and Asymptotic Behavior of Solutions
    of Linear and Non-linear Differential and Difference
    Equations. Office of Naval Research, Washington
    1949, vi+ 156 p.

8. Bellman,R. - Stability Theory of Differential Equations.
    Me Graw Hiel Co., New York 1953, 166 p.

9. Butlewski,Z. - Sur les intégrales d'un système d'équa-
    tions différentielles ordinaires. Studia Math.
    10 (1948) 40-47.

10. Caligo,D. - Un criterio sufficiente di stabilità per
    le soluzioni dei sistemi di equazioni integrali li-
    neari e sue applicazioni ai sistemi di equazioni
    differenziali lineari. Atti II Congresso Unione
    Matematica Italiana, Bologna 1940, 177-185.

11. Četaev,N.G. - Sur la stabilité des trajectoires de
     la dynamique. Učenye Zap. Kazanskoge Gos. Univ.
     T. 91, Kn. 4 (1931) 2-8.

12. Četaev,N.G. - Un théorème sur l'instabilité. Doklady
     Akad. Nauk SSSR 1 (1934) 529-531.

13. Četaev,N.G. - Sur l'instabilité de l'équilibre dans
     le cas où la fonction de forces n'est pas
     maximum. Učenye Zap. Kazanskogo Gos. Univ.,
     T. 98 (1938) 43-58.

14. Četaev,N.G. - Un théorème sur l'instabilité pour les
     systèmes réguliers. Prikladnaya Mat. Meh. 8
     (1944) 323-326.

15. Četaev,N.G. - A propos de la stabilité et l'instabili
     té des systèmes irréguliers. ibid 12 (1948)
     639-642.

16. Četaev,N.G. - Sur l'instabilité de l'équilibre dans
     certains cas où la fonction de forces n'est pas
     maximum. ibid 16 (1952) 89-93.

17. Erugin,N.P. - Systèmes réductibles. Trudy Mat\ Inst.
     im. Steklova 13 (1946) 95 p.

18. Erugin,N.P. - Théorèmes sur l'instabilité. Priklodnaya
     Mat. Meh. 16 (1952) 355-361.

19. Goršin S. - Sur la stabilité du mouvement sous
     l action de perturbations permanentes. Izvestiya
     Akad. Nauk Kazahskoĭ SSR, Ser. Mat. Meh.
     2 (1948) 46-73.

20. Hukuwara,M. - Sur les points singuliers des équations
     différentielles linéaires. Journal Fac. of Science
     Hokkaido Univ. 2 (1934) 13-88.

21. Kamenkov,G.V. - Sur la stabilité du Mouvement.
     Sbornik Nauěnyh Trudov Kazanskogo Aviac. Inst.
     9 (1939).

22. Kreĭn,M.G. - Sur certaines questions relatives aux
     idées de Lyapunov dans la théorie de la stabi-
     lité. Uspehi Mat. Nauk 3 (1948) 166-169.

23. Kučer,D.L. - Sur quelques criteria pour que les solu-
         tions d'un système dequations différentielles
         soient bornées. Doklady Akad. Nauk SSSR 69 (1949)
         603-606.

24. Lyapunov,M.A. - Problème général de la stabilité du
         mouvement. Harkov 1892 et Annales of Math.
         Studia N° 17, Princeton 1947.

25. Malkin,I.G. - Sur la stabilité en première approxima-
         tion. Sbornik Naucnyh Trudov Kazanskogo Aviac.
         Inst. N° 3 (1935)

26. Malkin,I.G. - Quelques questions de la théorie de la
         stabilité du mouvement au sens de Lyapunov.
         ibid. N°7 (1937) 3-103 (traduit par l'Amer. Math.
         Soc.).

26bis Malkin,I.G. - Sur la stabilité sous l'action de per-
         turbations permanentes. Prikladnaya Mat. Meh
         8 (1944).

27. Malkin.I.G. - Un théorème sur la stabilité en première
         approximation. Doklady Akad. Nauk SSSR 76 (1951)
         783-784.

28. Malkin,I.G.- Théorie de la stabilité du Mouvement.
         Moskva -Leningrad 1952, 432 p.

29. Malkin,I.G. - Sur la question du réciproque du théorè
         me de Lyapunov sur la stabilité asymptotique.
         Prikladnaya Mat. Meh. 18 (1954) 129-138.

30. Marackov,M. - Sur un théorème de stabilité. Izvestiya
         Fiz.-Mat. Obscestva pri Kazanskogo Gos. Univ.
         12 (1940) 171-174.

31. Massera,J.L. - On Liapounoff's conditions of stability.
         Annals of Math. 50 (1949) 705-721.

32. Massera,J.L. - Estabilidad total y vibraciones aproxi-
         madamente periodicas. Publ. Inst. Mat. Estad.
         2 (1954) 135-145.

33. Perron,O. - Die Ordnungszahlen der Differential-glei-
         chungssysteme. Math. Zeitschrift 31 (1929) 748-766.

34. Perron,O. - Die Stabilitätsfrage bei Differential-glei-
         chungen- Ibid. 32 (1930) 703-728.

35. Persidskiĭ,K.P. - Un théorème sur la stabilité du
         mouvement. Izvestiya Fiz.Mat. Obščestva pri
         Kazanskogo Gos. Univ. 6 (1932-33) 76-79.

36. Persidskiĭ,K.P. - Sur la théorie de la stabilité des
         intégrales d'un système d'équations différen-
         tielles. ibid. 8 (1936-37) 47-86 et 11 (1938)
         29-45.

37. Persidskiĭ,K.P. - Sur la théorie de la stabilité des
         solutions des équations différentielles .
         Uspahi Mat. Nauk. 1 (1946) 250-255.

38. Persidskiĭ,K.P. - Sur les nombres caractéristiques des
         équations différentielles. Izvestiya Akad.
         Nauk Kazahskoĭ SSR, Ser.Mat.Meh. 1 (1947).

39. Persidskiĭ,K.P. - Sur la seconde méthode de Lyapunov.
         ibid. 1 (1947).

40. Vinograd,R.E. - Nouvelle démonstration d'un théorème
         de Perron et quelques propriétés des systèmes
         réguliers - Uspehi Mat. Nauk 9,N°2 (1954)
         129-136.

41. Wazewski,T. - Sur la limitation des intégrales des
         systèmes d'équations différentielles linéaires
         ordinaires. Studia Math. 10 (1948) 48-59.

42. Wintner,A. - Linear variations of constants. Amer.
         Journal of Math. 68 (1946) 185-213.

43. Wintner,A. On free vibrations with amplitudinal limits.
         Quarterly Applied Math. 8 (1950) 102-104.

44. Yakubovič,V.A. - Quelques criteria pour la réductibili
         té des systèmes d'équations différentielles
         (au sens de Lyapunov) Doklady Akad. Nauk SSSR
         66 (1949) 577-580.

o

----

o

W O L F G A N G   W A S O W

ASYMPTOTIC PROPERTIES OF NON-LINEAR ANALYTIC DIFFERENTIAL EQUATIONS

R o m a – Istituto Matematico 1954 – R o m a

W. Wasow

1. Introduction. -

We shall be concerned with differential equations of the form

$$y' = F(x,y) \quad \text{and} \quad y' = F(x,y,\varepsilon)$$

where ε is a parameter. But in writing this I have used vectorial notation, i.e. y is the column vector with components y_j, (j=1,...,n) and F a vector F_j,(j=1,...,n). It is well known that every single n^{th} order equation can be written as a system of n first order equations. In this sense the theory of the differential equations above contains the theory of scalar n^{th} order equations.
The right members will be analytic functions of all arguments. Concerning this situation there exist two fundamental classical theorems.
Theorem 1.1. If $F(x,y)$ is holomorphic in both variables at x_0,y_0, then there exists a unique solution $y(x)$ such that $y(x_0)=y_0$. This solution is holomorphic at $x=x_0$.
Theorem 1.2: If $F(x,y,\varepsilon)$ is holomorphic in all variables at x_0,y_0, ε_0, and if $y_0(\varepsilon)$ is holomorphic for $\varepsilon = \varepsilon_0$, then the solution $y(x,\varepsilon)$ for which $y(x_0,\varepsilon)=y_0(\varepsilon)$ is holomorphic in ε at $\varepsilon = \varepsilon_0$, in a neighbourhood of $x=x_0$.
Proofs of these theorems can be found in all treatises on differential equations in the complex domain.
It is a general principle of complex function theory that the proper understanding of the structure of analytic functions centers about the nature and location of their singularities. Thus it is important to investigate the singularities of the solutions of analytic differential equations. This is a tremendously wide field that has been explored only very partially. The simplest situation arises

when the singularity of the solution is due to singularities, with respect to x or ξ , of the defining differential equation itself. Even this is too general a problem
to be tackled in this form.

<u>Here we shall assume that these singularities of the dif-
ferential equation are nothing worse than poles</u>.

Without loss of generality it may be stipulated that the
pole under consideration is at x=0 or ξ =0, since this
can be brought about by a simple translation of the variables. Thus the differential equations will be of the form

$$x^h y'=f(x,y) \qquad \text{or} \qquad \xi^h y'=f(x,y,\xi), \quad h>0,$$

with positive integral h, and we shall ask for the behavior
of the solutions near x=0 or ξ =0.

If $f(x,y)$ or $f(x,y,\xi)$ are <u>linear</u> functions of y, almost
complete theories <u>do</u> exist. These theories are by no means
trivial, and we shall give short accounts of parts of
them, later in this course. Concerning the non-linear
case there exists an extensive literature beginning with
Briot and Bouquet [1] in 1850. Dulac [2] has given an
account of it which includes a valuable bibliography up
to 1934 Among the recent workers in this fields there are
three outstanding names: Hukuhara [3] Malmquist [4] , [5]
and Trjitzinsky [7] , [8] , [9] . The purpose of the present
lectures is to show that most of the results of these
authors, and many others, can be derived by variants of
one and the same technique.

As mentioned above, the known results are far from complete.
The most regrettable drawback is that the information
obtained refers only to an approach of the singularity
along a direction in the complex plane for which the solutions under discussion remain bounded. The simplest
explicit examples show that many solutions diverge, if

the singularity is approached from a suitable direction.
But the systematic analysis in such cases has never been
given and is problably much more difficult. On the other
and it is precisely the bounded solutions that are of interest
in the applications.

2. A First Order Equation with a Parameter.

2.1. **Formulation of the problem.**   In this section the
technique referred to above will be applied to a comparati-
vely simple but typical problem.   By explaining the details
explicitly for this example it will be possible to deal
in more summary fashion with later problems.
We shall treat the differential equation

$$\varepsilon y' = f(x, y, \varepsilon) \qquad (2.1)$$

where y is now a $\underline{\text{scalar}}$ function. Also, we shall assume
that $\varepsilon > 0$, that x is real, and that $f(x, y, \varepsilon)$ is real
for real arguments.
If there are solutions $y(x, \varepsilon)$ of (2.1) that are continuous
functions of ε at $\varepsilon = 0$, together with their derivatives,
then they must, in the limit as $\varepsilon \to 0$, satisfy the relation

$$0 = f(x, y_0(x, 0), 0).$$

It is therefore convenient to replace the dependent variable y by

$$u = y - u_0(x), \qquad (2.2)$$

where $u_0(x)$ is a solution of the equation

$$f(x, u_0, 0) = 0.$$

It may occur, exceptionally, that this equation has no
solution, e.g., if $f(x, y, \varepsilon) = e^y$. This case we must
leave aside. Explicit examples, such as the one above,
suggest that there is no bounded solution of such problems.

The transformation (2.2) changes (2.1) into a differential
equation

$$\varepsilon u' = f^*(x,u,\varepsilon) = f(x,u+u_o(x),\varepsilon) - \varepsilon u_o'(x) \qquad (2.3)$$

of the same form as before, but for which

$$f^*(x,0,0) = 0 . \qquad (2.4)$$

The most plausible technique to try for the solution of the
problem (2.3) - at least for an applied mathematician - is
the standard perturbation procedure, in which one sets,
tentatively,

$$u = v_1(x)\varepsilon + v_2(x)\varepsilon^2 +\ldots \qquad (2.5)$$

and inserts this into the differential equation written in
the form

$$\varepsilon u' = \sum_{s,t=0}^{\infty} c_{st}(x)u^s\varepsilon^t , \qquad c_{oo}(x) = 0 . \qquad (2.6)$$

There results then, by comparison of coefficients of like
powers of ε , a sequence of conditions for the coefficients
$v_r(x)$,, viz.,

$$0 = c_{10}(x)v_1(x) + c_{01}(x)$$

$$v_1'(x) = c_{10}(x) v_2(x) + c_{02}(x) + c_{11}(x)v_1(x) + c_{20}(x) v_1^2(x)$$

$$\cdots\cdots\cdots\cdots\cdots\cdots\cdots\cdots\cdots\cdots\cdots\cdots$$

If, in the interval under consideration,

$$c_{10}(x) \neq 0,$$

these recursion formulas permit the successive determination
of the $v_r(x)$.

However, this series can, in general, not be expected to
converge.

For if it does $u(x,\varepsilon)$ is holomorphic in ε at $\varepsilon = 0$, in
spite of the singular dependence of the differential

equation on ε . Any number of elementary examples will
show that this is usually not true.

From experience in the asymptotic theory of linear differential equations one might suspect that the formal series
so obtained is, nevertheless, an asymptotic representation
of some solution of the differential equation. But how
can this be proved, and how can this solution be characte-
rized?

We, too, will use a formal series approach. In fact, our
series will be superficially of the same form as (2.5).
But there is a decisive difference in the recursion scheme,
for in comparing like powers of ε in the two members after
insertion of the series into equation (2.6) <u>we shall pre-
serve the factor</u> ε <u>in the left member</u>. If we denote this
new formal series by

$$u = \sum_{r=1}^{\infty} u_r \varepsilon^r \qquad (2.7)$$

our recursion formulas will now look as follows:

$$\varepsilon u_1' = c_{10}(x) u_1 + c_{01}(x)$$
$$\varepsilon u_2' = c_{10}(x) u_2 + c_{02}(x) + c_{11}(x) u_1 + c_{20}(x) u_1^2$$
$$\dots\dots\dots\dots\dots\dots\dots\dots\dots\dots\dots\dots\dots\dots\dots\dots\dots\dots ;$$

or, generally,

$$\varepsilon u_r' = c_{10}(x) u_r + h_r(u_1 \dots, u_{r-1}, x) \quad , \qquad (2.8)$$

where h_r is polynomial in the $u_1, \dots, u_{r-1}$. These are <u>linear</u>
differential equations having the same type of singular
dependence on ε as the nonlinear one to be studied. Their
solutions are functions of x <u>and</u> ε having a singularity
at $\varepsilon = 0$. The resulting series is no longer a power series in ε . But this complication is compensated for by

the advantage that <u>the series is now convergent</u>. This modified perturbation scheme was first used, to my knowledge,
by I.M. Volk in [11] .

2.2. <u>The convergence proof</u>. In order to prove the convergence of the series (2.7) we must first study some boundedness properties of solutions of differential equations of
the type (2.8). The analysis of such differential equations
becomes complicated near a point where $c_{10}(x) = 0$. This
makes it necessary, to limit our considerations to an
interval

$$\alpha \leq x \leq \beta$$

in which $c_{10}(x)$ does not vanish. To fix the ideas let

$$c_{10}(x) < -m < 0, \quad \text{in } \alpha \leq x \leq \beta \ . \tag{2.9}$$

If we set

$$p(x) = - \int_{\alpha}^{x} c_{10}(t) \, dt \ , \tag{2.10}$$

the general solution of a differential equation of the form

$$\varepsilon v' = c_{10}(x) v + \psi(x) \tag{2.11}$$

is

$$v(x) = C e^{-\frac{1}{\varepsilon} p(x)} + \frac{1}{\varepsilon} e^{-\frac{1}{\varepsilon} p(x)} \int_{x_0}^{x} e^{\frac{1}{\varepsilon} p(t)} \psi(t) \, dt \ , \tag{2.12}$$

where C is an arbitrary constant and x_0 an arbitrary point.
If $\alpha \leq x_0 \leq x \leq \beta$ the second term in (2.12) is numerically less than

$$\frac{1}{\varepsilon} \sup_{x_0 \leq t \leq x} |\psi(t)| \int_{x_0}^{x} e^{\frac{1}{\varepsilon} [p(t) - p(x)]} \, dt \tag{2.13}$$

provided $\psi(t)$ is bounded in this interval. Since

$$p(t) - p(x) = \int_t^{''} c_{10}(t)\, dt \leq (t-x)m \quad ,$$

the expression (2.13) is less than

$$\frac{1}{\varepsilon} \sup_{x_0 \leq t \leq x} |\psi(t)| \int_{x_0}^{x} e^{\frac{1}{\varepsilon}(t-x)m}\, dt \leq \frac{1}{m} \sup_{x_0 \leq t \leq x} |\psi(t)| \quad .$$

For later use we collect these remarks in a lemma.

Lemma 2.1. If $c_{10}(x) < 0$ in $\alpha \leq x \leq \beta$. and if $\alpha < x_0 \leq \beta$ then all solutions of the differential equation (2.11) are of the form (2.12) and satisfy the inequality

$$|v(x)| \leq |C| e^{-\frac{1}{\varepsilon} p(x)} + c \sup_{x_0 \leq t \leq \beta} |\psi(t)| \quad , \quad x_0 \leq x \leq \beta \quad , \qquad (2.14)$$

where the positive constant c is independent of C.
Inspection of (2.12) shows that, moreover, the solutions
are generally unbounded to the left of the point x_0, at
least if C is independent of ε . If $c_{10}(x) > 0$ an inequality analogous to (2.14) holds for $\alpha \leq x \leq x_0$.
The general solution of the differential equation (2.3)
depends on one parameter. We can therefore expect to achieve
sufficient generality, if we take for u_1 the general solution of (2.8), when r=1, while we set C = 0 in the solution
of the other equations (2.8) by the formula (2.12).Then we
have the inequalities

$$|u_r(x,\varepsilon)| \leq c \sup_{x_0 \leq t \leq \beta} |h_r| \quad , \quad x_0 \leq x \leq \beta,\ r=2,3,\ldots \quad , \quad (2.15)$$

which are the basis of our convergence proof.
The convergence is proved by the method of dominating series. This method, it will be recalled, consists essential-
ly in the construction of a "dominating problem". This is
a problem whose formal solution by insertion of an infini-

to   power series and comparison of like powers leads to a
series with positive terms that are larger than the numerical values of the corresponding terms in the series solution of the original problem. If it can then be shown
that the series solution of the dominating problem
converges, the convergence of the original series follows.
In order to construct a dominating problem we observe first
that, if the series

$$g(x,u,\varepsilon) = \sum_{s+t \geq 1}^{\infty} c_{st}(x)\, u^s \varepsilon^t \qquad (2.16)$$

(Cf. formula (2.6)) converges for

$$\alpha \leq x \leq \beta \ , \ |u| \leq \mu \ , \ |\varepsilon| \leq \varepsilon_1 \ , \qquad (2.17)$$

then the inequalities

$$|c_{st}(x)| \leq M \mu^{-s} \varepsilon_1^{-t}$$

hold in $\alpha \leq x \leq \beta$; The constant M is a numerical upper
bound for the sum of the series (2.6) in the domain indicated in (2.17). This is a wellknown inequality of complex
function theory. It follows that the series $\sum_{s+t \geq 1}^{\infty} c_{st}(x) u^s \varepsilon^t$ is
dominated by

$$\hat{g}(u,\varepsilon) = M \sum_{s+t \geq 1} \left(\frac{u}{\mu}\right)^s \left(\frac{\varepsilon}{\varepsilon_1}\right)^t = M\left[\left(1-\frac{u}{\mu}\right)^{-1}\left(1-\frac{\varepsilon}{\varepsilon_1}\right)^{-1} - 1 - \frac{u}{\mu} - \frac{\varepsilon}{\varepsilon_1}\right] . \quad (2.18)$$

The differential equation (2.6) can be written

$$\varepsilon u' = c_{01}(x)\varepsilon + c_{10}(x)u + g(x,u,\varepsilon) \ ,$$

and the functions $h_r(u_1,\ldots,u_{r-1},x)$, $r > 1$, were obtained by insertion of $u = \sum\limits_{s=1}^{\infty} u_s \, \varepsilon^s$ into $g(x, u, \varepsilon)$ and collection of the terms containing the factor ε^r after expansion. If a series

$$\hat{u} = \sum_{s=1}^{\infty} \hat{u}_r \, \varepsilon^r \tag{2.19}$$

with as yet undetermined coefficients $\hat{u}_r$ is similarly inserted into $\hat{g}(\hat{u}, \varepsilon)$ then there results a coefficient $\hat{h}_r(\hat{u}_1, \ldots, \hat{u}_{r-1})$ of the power ε^r. This coefficient is, for $r > 1$, a polynomial with positive coefficients that are numerically larger than the corresponding coefficients of $h_r(u_1, \ldots, u_{r-1}, x)$, for $\alpha \leq x \leq \beta$.
Assume that $u_1(x, \varepsilon)$ has been chosen so that

$$|u_1(x, \varepsilon)| \leq \hat{u}_1 \, , \quad x_0 \leq x \leq \beta, \tag{2.20}$$

where u_1 is now a certain constant independent of ε , then the preceding construction of a dominating series suggests the use of

$$\hat{u} - \hat{u}_1 \varepsilon \quad -c \, \hat{g}(\hat{u}, \varepsilon) = 0 \tag{2.21}$$

as dominating problem. In fact, if the series (2.19) is inserted into (2.21) comparison of coefficients leads to the recussion formulas

$$\hat{u}_r = c \hat{h}_r (\hat{u}_1, \ldots, \hat{u}_{r-1}) \quad . \tag{2.22}$$

In view of the inequalities (2.15), (2.20) and the dominating property of the $\hat{h}_r$ this implies

$$|u_r(x, \varepsilon)| \leq \hat{u}_r, r = 1, 2, \ldots , \quad \alpha \leq x \leq \beta , \quad 0 \leq \varepsilon \leq \varepsilon_1 \tag{2.23}$$

This last inequality reduces our convergence proof to an investigation of the convergence of the series (2.19), when the u_r have the meaning explained above. Now, the left

member of equation (2.21) vanishes for $\hat{u} = \varepsilon = 0$, and
its partial derivative with respect to $\hat{u}$ at this point
has the value unity, for the series for $\hat{g}(\hat{u}, \varepsilon)$ has no
terms that are linear in u and ε combined. By virtue
of a classical implicit function theorem the equation de-
finies therefore uniquely a function $\hat{u}$ of ε , that vanishes for $\varepsilon =0$, and is there holomorphic.
This function can be obtained explicitly by formal insertion of coefficients, i.e. the series (2.19) with the $\hat{u}_r$
determined from (2.22) represents this function.   Hence
the series has a positive radius of convergence, which
exceeds ε_1 , if ε_1 is chosen sufficiently small.
We must still show that the series $\sum\limits_{r=1}^{\infty} u_r(x, \varepsilon)\varepsilon^r$,
now shown to be uniformly and absolutely convergent, for
$0 < \varepsilon \leqq \varepsilon_1$, $x_0 \leqq x \leqq \beta$, represents a solution of the differential equation (2.3), i.e., that the series $\sum\limits_{r=1}^{\infty} u'_r(x,\varepsilon)\varepsilon^r$
is likewise uniformly convergent. To this end we multiply
the equation (2.8) by ε^r and sum over r, obtainig

$$\varepsilon\sum_{r=1}^{\infty} u'_r \varepsilon^r = c_{1,0}(x)\sum_{r=1}^{\infty} u_r \varepsilon^r + \sum_{r=1}^{\infty} h_r(u_1,\ldots, u_{r-1}, x)\varepsilon^r.$$

The first series in the right member has just been proved
to be absolutely and uniformly convergent. The second se-
ris is dominated by the convergent series $\sum\limits_{r=1}^{\infty} h_r(\hat{u}_1,\ldots,\hat{u}_r)\varepsilon^r$
and therefore also convergent. Hence, the series in the
left member converges uniformly.
The method described in section 2.1 has now been proved to
lead to a solution $\sum\limits_{r=1}^{\infty} u_r(x, \varepsilon)\varepsilon^r$ of the differential
equation involving an arbitrary parameter C. However, we
had to assume that $u_1(x, \varepsilon)$ was bounded in $x_0 \leqq x \leqq \beta$,
$0 \leqq \varepsilon \leqq \varepsilon_1$, and this constitutes an undesirable restriction.

For a complete solution of our problem should include the
solutions that are characterised by fixed initial values
at $x=x_0$, independent of ε . Such solutions are not yet co-
vered by our argument, since all our solutions so far tend
to zero in $x_0 \leq x \leq \beta$, as ε tends to zero.
Since, in view of (2.12),

$$u_1(x,\varepsilon) = C e^{-\frac{1}{\varepsilon} p(x)} + \frac{1}{\varepsilon} e^{-\frac{1}{\varepsilon} p(x)} \int_{x_0}^{x} e^{\frac{1}{\varepsilon} p(t)} c_0(t)\, dt \, ,$$

and because we had agreed to require x_0 $u_r(x_0, \varepsilon) = 0$, for
$r > 1$, we must take

$$C = C(\varepsilon) = \frac{1}{\varepsilon} k e^{\frac{1}{\varepsilon} p(x_0)} \, ,$$

if we wish to have $u(x_0, \varepsilon) = k$ with prescribed k, independent of ε . The resulting function $u_1(x, \varepsilon)$ is
unbounded at $x=x_0$, as $\varepsilon \longrightarrow 0$. It satisfies, at best, an
inequality of the form

$$|u_1(x,\varepsilon)| \leq k/\varepsilon + c \sup_{x_0 \leq t \leq \beta} |c_0(x)| \leq k^{*}/\varepsilon \, . \qquad (2.24)$$

In order to carry out our convergence proof on the basis
of this weaker assumption, we observe first that (2.21)
actually defines $\hat{u}$ as an analytic function of the two quantities ε and $z=\hat{u}_1\varepsilon$, holomorphic in both variables
for, say

$$|\varepsilon| \leq \varepsilon_1 \, , \quad |z| \leq z_1 \, .$$

Hence the series (2.19) that solves (2.21) converges, for
a fixed ε with $|\varepsilon| < \varepsilon_1$, provided

$$\hat{u}_1 \varepsilon < z_1 \qquad\qquad (2.25)$$

If we define $\widehat{u}_1$ by

$$\widehat{u}_1 = k^*/\varepsilon \tag{2.26}$$

then

$$|u_1(x,\varepsilon)| \leqq \widehat{u}_1 \quad , \quad \text{in } x_0 \leqq x \leqq \beta$$

for this particular value of ε , because of formula (2.24) and our arguments proving the convergence of the series (2.19) apply again for this particular value of ε . Formulas (2.25) and (2.26) combine into the condition

$$k^* < z_1 \quad ,$$

restricting the permissible range of the prescribed initial value for $u(x,\varepsilon)$ at $x = x_0$.

This argument does not prove that the series converges <u>uniformly</u> for $0 \leqq \varepsilon \leqq \varepsilon_1$, $x_0 \leqq x \leqq \beta$. In any interval $x_0 < x_1 \leqq x \leqq \beta$, however, the function

$$u_1(x,\varepsilon) = \frac{1}{\varepsilon} k e^{\frac{1}{\varepsilon}[p(x_0)-p(x)]} + \frac{1}{\varepsilon}\varepsilon^{-\frac{1}{\varepsilon}p(x)}\int_{x_0}^{x} e^{\frac{1}{\varepsilon}p(t)} c_{01}(t)\,dt$$

is bounded at $\varepsilon = +0$, and our simpler original argument proving uniform convergence does apply.

The theorem below summarizes the result obtained:

<u>Theorem 2.1.</u> <u>Given the differential equation</u>

$$\varepsilon u' = f^*(x,u,\varepsilon)$$

<u>whose right member is holomorphic in all variables for</u> $\alpha \leqq x \leqq \beta$, $|u| \leqq \mu$, $|\varepsilon| \leqq \varepsilon_0$, <u>and for which</u>

$$f^*(x,0,0) \equiv 0,$$

$$\partial f^*/\partial u < 0, \quad \text{for } \alpha \leqq x \leqq \beta \; , \; u = \varepsilon = 0$$

<u>If</u> $\alpha \leqq x_0 < \beta$, <u>then there exist positive numbers</u> k_0,

<u>such that the solution of the differential equation that
satisfies the initial conditions</u>

$$u = k \text{ at } x = x_0, \quad |k| < k_0,$$

<u>permits in</u> $x_0 \leq x \leq \beta$, $0 \leq \varepsilon \leq \varepsilon_1$ <u>an absolutely convergent
series representation of the form</u>

$$u = \sum_{r=1}^{\infty} u_r(x, \varepsilon) \varepsilon^r,$$

<u>whose coefficients can be successively calculated by quad-
ratures. For</u> $x_0 < x_1 \leq x \leq \beta$ <u>the convergence is
uniform.</u>

2.3. <u>The asymptotic series</u>. What, if anything, have the
solutions obtained in the preceding sections to do with
the formal power series in ε encountered at the beginning of this chapter? In order to answer this question
the asymptotic character of the $u_r(x, \varepsilon)$ must be analy-
zed.

Before doing this we recall the concept of an asymptotic
power series: by the formula

$$f(\varepsilon) \sim \sum_{r=0}^{\infty} a_r \varepsilon^r$$

or, in words, "f(ε) is asymptotically represented by
the series $\sum_{r=0}^{\infty} a_r \varepsilon^r$, for $\varepsilon \in S$" we mean that, for all
m,

$$f(\varepsilon) = \sum_{r=0}^{\infty} a_r \varepsilon^r + E_{m+1}(\varepsilon) \varepsilon^{m+1},$$

where $E_{m+1}(\varepsilon)$ is a bounded function of x in the pointset
S of the complex ε -plan , and S has $\varepsilon = 0$ as a boundar
point. In general S is a sector with vertex at $\varepsilon = 0$.

In our present application S is the positive x-axis. If the $E_{m+1}(\varepsilon)$ grow sufficiently fast, the series is divergent. Only in such cases is the concept necessary, of course. We need the following

<u>Lemma 2.1.</u> If $\phi(x, \varepsilon) \sim \sum_{r=0}^{\infty} c_r(x) \varepsilon^r$ <u>for</u> $0 < \varepsilon \leq \varepsilon_0$ <u>and</u> $x_0 < x \leq \beta$, <u>and if the</u> $c_r(x)$ <u>are there holomorphic, then</u>

$$\varepsilon^{-1} \int_{x_0}^{x} e^{\frac{1}{\varepsilon}[p(x) - p(t)]} \phi(t, \varepsilon)\, dt \qquad (2.27)$$

<u>possesses an asymptotic series expansion in the same domain, provided the inequality (2.9) is satisfied.</u>

<u>Proof</u>: Consider first an integral

$$I(x, \varepsilon) = \frac{1}{\varepsilon} \int_{x_0}^{x} e^{\frac{1}{\varepsilon}[p(x) - p(t)]} c_r(t)\, dt \quad .$$

Integration by parts yields

$$I(x, \varepsilon) = \left[- e^{\frac{1}{\varepsilon}[p(x) - p(t)]} \frac{c_r(t)}{p'(t)} \right]_{x_0}^{x} + \int_{x_0}^{x} e^{\frac{1}{\varepsilon}[p(x) - p(t)]} \frac{d}{dt}\left(\frac{c_r(t)}{p'(t)} \right) dt$$

$$= - \frac{c_r(x)}{p'(x)} + \int_{x_0}^{x} e^{\frac{1}{\varepsilon}[p(x) - p(t)]} \frac{d}{dt}\left(\frac{c_r(t)}{p'(t)} \right) dt + O\left(e^{\frac{1}{\varepsilon}[p(x) - p(t)]} \right) .$$

Thanks to our assumption (2.9) the last term is, in $x_0 < x \leq \beta$ asymptotic to zero. m+1 repetitions of the integration by parts show that

$$I(x, \varepsilon) = \sum_{s=0}^{m} \gamma_s(x) \varepsilon^s + \varepsilon^m \int_{x_0}^{x} e^{\frac{1}{\varepsilon}[p(x) - p(t)]} \varphi_m(t)\, dt + \chi_m(x, \varepsilon),$$

where the $\gamma_s(x)$ and $\varphi_m(x)$ are holomorphic in $x_0 \leq x \leq \beta$

and $\chi_m(x, \varepsilon)$ is asymptotic to zero. As in the proof of
lemma 2.1 it is easily shown that the integral in the
expression above is of the form $O(\varepsilon)$. Hence, $I(x, \varepsilon)$
possesses an asymptotic series representation
$I(x, \varepsilon) \sim \sum_{s=0}^{\infty} \gamma_s(x) \varepsilon^s$. The expression (2.27) can be
written in the form

$$\sum_{r=0}^{m} \varepsilon^{-1} \int_{x_0}^{x} e^{\frac{1}{\varepsilon}[p(x)-p(t)]} c_r(t)\,dt + \varepsilon^m \int_{x_0}^{x} e^{\frac{1}{\varepsilon}[p(x)-p(t)]} E_{m+1}(t,\varepsilon)\,dt.$$

The first summation is a sum of terms admitting an
asymptotic series and has therefore itself an asymptotic
series. Since $E_{m+1}(t, \varepsilon)$ is bounded with respect to
and holomorphic in t, the last term is $O(\varepsilon^{m+1})$. As m is
arbitrary, the whole expression possesses an asymptotic
series expansion. This proves the lemma.
Applying the lemma we see successively that all the
$u_r(x, \varepsilon)$ have asymptotic power series representations.
The first term in the formula (2.12) is zero for $r > 1$
and asymptotic to zero when $r=1$ and $x > x_0$, no matter
what initial value k is prescribed. From this fact it
follows readily that $u = \sum_{r=1}^{\infty} u_r(x, \varepsilon) \varepsilon^r$ has itself
an asymptotic series expansion.
Now, the coefficients,of this asymptotic series can more
conveniently be calculated by formal insertion into the
differential equation and comparison of coefficients, as
was done at the beginning of this section, for all the
formal operations used there are valid for asymptotic as
well as for convergent series. Hence, the formal power
series obtained at the beginning of this section is the
common asymptotic expansion, in $x_0 < x \leq \beta$, of the solutions of all the initial value problems referred to in
theorem 2.1.

It is important to observe that the convergent expansion
of theorem 2.1 is valid in the $\underline{closed}$ interval $x_o < x \le \beta$,
while the asymptotic power series representaion applies
only for $x_o < x \le \beta$.

3. Asymptotic Theory of Linear Differential Equations Without a Parameter.

3.1 $\underline{Introduction.}$ There are many directions in which the
preceding theory can be extended and modified. Firstly,
the single scalar equation can be replaced by a system or
by a higher order equation. Then the asymptotic behavior,
as ξ tends to zero, of the linear equations that must be
solved recurrently in our method is no longer so simple
to recognize. it requires an elaborate but well developed
theory. Secondly ξ or x, or both can be taken complex
instead of real. Thirdly the factor ξ in the left member
of our differential equation can be replaced by ξ^h, $h > 1$.
Finally, instead of the one point initial conditions, one
can prescribe, at least in the case of systems or higher
order equations, some other boundary conditions such as
periodicity or prescribed values at two points. The basic
procedure is the same for all these problems, but the
details vary considerably. An applications dealing with
periodic solutions can be found in $[12]$.
Rather than treating any of these problems we shall now
deal with the parameterless differential equation

$$x^h y' = f(x,y) \qquad , \qquad (3.1)$$

in order to show more clearly the wide scope of the method.
This time y and f are interpreted as vectors, and x
ranges over the complex plane.

As before the terms of the solving series are solutions
of linear equations with a singularity. This time the
singularity occurs with respect to the independent variable x at x=0.
We recall an important distinction in the theory of such
differential equations, when they are linear and homogeneous, i.e. of the form

$$x^h y' = A(x)y \quad .\qquad\qquad (3.2)$$

If h=1, the singularity is called <u>regular</u>, and the solution can be represented by convergent power series, except
for a finite number of factors of the form x^p or $(\log x)^n$.
If $h \geqslant 2$ one deals with an <u>irregular singularity</u>, and the
formally obtainable power series solutions are generally
divergent, but asymptotic to true solutions. The solutions
of the nonlinear differential equation (3.1) show a similar distinction, and separate treatments of the two
cases are necessary. In these lectures only irregular
solutions will be discussed, but the case h=1 can be
treated by a variant of the same method.
Since the theory of the linear equation (3.2) is indispens-
able for the nonlinear problem, and as it is of great
interest in itself, this section will be devoted to a
brief account of the linear theory.

3.2. <u>The formal theory</u>. Let $y_1, y_2, \ldots, y_n$ be linearly
independent vector solutions of (3.2). It is convenient
to combine these vectors into a square matrix whose
columns they are. This matrix is a fundamental solution,
i.e. a solution with nonvanishing determinant at ordinary
points of the matrix differential equation

$$x^h Y' = A(x)Y.\qquad\qquad (3.3)$$

This matrix notation is a litle more convenient for our
present purpose.
The rathertrivial case that Y and A(x) are scalars will
be treated first separately; firstly, because the results
will be needed later for the general case; secondly, because it gives us some preliminary insight into the structure
of the solution to be expected in the general case.

Let

$$A(x) = \sum_{r=0}^{\infty} A_r x^r \quad .$$

The solution of (3.3), if Y is a scalar function is

$$Y = e^{\int_a^x A(t) t^{-h} dt} = c\, e^{Q(x)}\, x^{\S}\, e^{\int_o^x B(t) dt} \qquad . \quad (3.4)$$

Here a is an arbitrary constant, c a constant

$$Q(x) = \sum_{i=0}^{h-2} \frac{x^{i+j-h}}{i+j-h} A_j$$

$$\S = A_h - 1 \quad ,$$

and

$$B(t) = \sum_{r=h}^{\infty} t^{r-h} A_r$$

If we write (3.4) in the form

$$Y = c\, e^{Q(x)}\, x^{\S} \sum_{r=0}^{\infty} c_r x^r \quad , \qquad (3.5)$$

it has, as we shall see, exactly the form we are going to
meet in the n-dimensional case, except that the power
series will then no longer be convergent but asymptotic.
The preceding calculations retain a formal meaning even
if the series involved are divergent. More precisely.

The coefficients c_r are certain rational functions of the A_r. If (3.5) is inserted into the differential equation (3.3) and like powers of x are compared - after cancelling the factor $e^{Q(x)}x^{\int}$ - we see that their coefficients are identical functions of A_r in the two members.

Such formal operations play an important rôle in the theory of asymptotic series. In order to avoid confusion we shall distinguish in our notation between, on one hand, letters denoting numbers, functions or matrices and, on the other hand, letters denoting formal series about whose convergence nothing is known, by placing a tilde over letters that stand for formal series. Strictly speaking, by giving a formal series $\sum\limits_{r=0}^{\infty} a_r x^r$ one gives, of course, nothing but the infinite sequence of numbers a_r, and by "formal operations" with such series we mean a certain algorithm with this infinite sequence. The operations are usually self-explanatory, because of the analogy with convergent series. Thus e.g., if we refer to the formal multiplication of two formal series $\sum\limits_{r=0}^{\infty} a_r x^r$ and $\sum\limits_{r=0}^{\infty} b_r x^r$ we mean, in more precise language, that together with the sequences $a_r (r=0,1,\ldots)$ and $b_r (r=0,1,\ldots)$ we consider the sequence $c_r = \sum\limits_{s=0}^{\infty} a_s b_{r-s}$, which we call their product.

To these two concepts, functions and formal series there correspond three types of equalities: ordinary equality between numbers (or functions), asymptotic equality between a function and a formal series, denoted as heretofore by the symbol " $\sim$ ", and formal equality between two formal series for which, in the interest of precision, we use the modified equality symbol " $\backsimeq$ ".

The symbols " $\sim$ " and " $\backsimeq$ " will also be used, in a somewhat generalized but selfevident way, for expression of the form $e^{Q(x)}x^{\int}\sum\limits_{r=0}^{\infty} a_r x^r$:

With the help of these symbols we can say that the solution
of the scalar formal differential equation

$$x^h Y' \backsim \widetilde{A}(x)\, Y \qquad\qquad (3.6)$$

where

$$\widetilde{A}(x) \backsim \sum_{r=0}^{\infty} A_r x^r \, , \qquad\qquad (3.7)$$

is of the form

$$\widetilde{Y} \backsim e^{Q(x)} x^{\ell} \sum_{r=0}^{\infty} c_r x^r \qquad . \qquad (3.8)$$

This remark will be of use later.

For the solution of (3.3) in the n-dimensional case we shall
use an adaptation of a method of H.L. Turrittin [10] . Its
essential part is the construction of a matrix $\widetilde{P} \backsim \widetilde{P}(x)$ of
formal power series such that the transformation

$$\widetilde{Y} \backsim \widetilde{P}(x)\, \widetilde{Z} \qquad\qquad (3.9)$$

changes (3.3) into a system with a diagonal matrix. For this
to be possible we introduce the assumption that the eigenvalues $\lambda_1, \ldots, \lambda_n$ of the matrix A_o are distinct.
Insertion of (3.9) into (3.6) (interpreted vectorially)
yields

$$x^h \widetilde{Z}' \backsim (\widetilde{P}^{-1}\widetilde{A}\widetilde{P} - x^h \widetilde{P}^{-1}\widetilde{P}')\, \widetilde{Z} \qquad\qquad (3.10)$$

provided $\widetilde{P}$ is not formally singular i.e., provided the formal
power series Det $\widetilde{P}$ does not have all its coefficients zero.
The construction of a matrix $\widetilde{P}$ such that the matrix in
parentheses in (3.10) is a diagonal matrix requires an infinite sequence of successive transformations represented
by matrices the product of which is the desired $\widetilde{P}$.
The first transformation uses a <u>constant</u> matrix P_o chosen
so that $P_o^{-1}\widetilde{A}_o P_o$ is the diagonal matrix diag($\lambda_1, \lambda_2, \ldots, \lambda_n$).

Here the assumption that all λ_j are distinct is being used.
For notational convenience we assume that the matrix $\widetilde{A}(x)$
is already in this form.

In order to diagonalize A_r we use a transformation with a
matrix

$$P_r = I + x^r Q_r \quad ,$$

where the constant matrix Q_r will be defined presently.
Insertion of P_r for $\widetilde{P}$ in (3.10) followed by some simple
reordering leads to

$$x^k \widetilde{Z} \asymp \left\{ A_0 + A_1 x + \cdots + A_{r-1} x^{r-1} + \left(A_r + A_0 Q_r - Q_r A_0 \right) x^r + \cdots \right\} \widetilde{Z} .$$

Here the formal relation

$$\left(I + x^r Q_r \right)\left(I - x^r Q_r + x^{2r} Q_r^2 + \cdots \right) \asymp I$$

has been used. Observe that the coefficient matrices
$A_0, \ldots, A_{r-1}$ are unchanged by this transformation. We now
determine Q_r so that $A_r + A_0 Q_r - Q_r A_0$ becomes a diagonal
matrix. If a_{ij}^r, q_{ij}^r are the elements of A_r, Q_r, respectively,
we have to satisfy the equations

$$a_{ij}^r + \lambda_i q_{ij}^r - \lambda_j q_{ij}^r = 0 \quad , \quad i \neq j$$

i.e., we must set

$$q_{ij}^r = a_{ij}^r \Big/ (\lambda_j - \lambda_i), \quad i \neq j \quad .$$

The diagonal elements of Q_r are arbitrary.
The foregoing argument proves that the matrix

$$\widetilde{P}(x) \asymp (I + xQ_1)(I + x^2 Q_2)(I + x^3 Q_3) \ldots .$$
$$\asymp I + xQ_1 + x^2 Q_2 + x^3 (Q_3 + Q_1 Q_2) + \ldots$$

defines a transformation of type (3.9) which takes (3.6) into

$$x^h \tilde{Z}' \, \hat{\circ} \, \tilde{B}(x) \, \tilde{Z} \quad , \tag{3.11}$$

where $B(x)$ is a formal diagonal matrix, say,

$$\tilde{B}(x) \, \hat{\circ} \, \mathrm{diag}(\tilde{\beta}_1(x), \ldots, \tilde{\beta}_n(x)) \quad .$$

The leading term of $\beta_j(x)$ is λ_j .
Because of the diagonal character of $\tilde{B}(x)$, the equation (3.11)
admits a solution of diagonal form,

$$\tilde{Z}(x) \, \hat{\circ} \, \mathrm{diag} \, (\tilde{z}_1(x), \ldots, \tilde{z}_n(x)),$$

where each $\tilde{z}_j(x)$ must be a formal solution of the scalar
formal differential equation

$$x^h \tilde{z}_j' \, \hat{\circ} \, \tilde{\beta}_j(x) \, \tilde{z}_j \quad .$$

At the beginning of this section we have learned how to
construct the solution of such an equation. It is of the form

$$\tilde{z}_j \, \hat{\circ} \, e^{q_j(x)} \, x^{\varrho_j} \, \tilde{w}_j(x) \quad ,$$

where $q_j(x)$ is a polynomial in x^{-1} with leading term
$x^{1-h} \lambda_j/(1-h)$ and $\tilde{w}_j(x)$ a formal power series whose leading
term can be taken as unity. The system (3.11) possess there-
fore the solution

$$\tilde{Z} \, \hat{\circ} \, \tilde{W}(x) \, E(x) \quad ,$$

where

$$\tilde{W}(x) \, \hat{\circ} \, \mathrm{diag}(\tilde{w}_1(x), \ldots, \tilde{w}_n(x))$$

$$E(x) = \mathrm{diag} \, (e^{q_1(x)} \, x^{\varrho_1}, \ldots, e^{q_n(x)} \, x^{\varrho_n}).$$

The leading term of $\tilde{W}(x)$ is the identity matrix. Returning
from $\tilde{Z}$ to $\tilde{Y}$ by means of (3.9), we find that we have proved the
following theorem.

Theorem 3.1. In the formal matrix differential equation

$$x^h Y' \backsim \widetilde{A}(x)\, \widetilde{Y} \qquad\qquad (3.6\ )$$

with

$$\widetilde{A}(x) \backsim \sum_{r=0}^{\infty} A_r x^r \qquad\qquad (3.12)$$

the eigenvalues $_j, \ldots,$ n, of A_o are assumed to be distinct.
Then (3.6) possesses a formal fundamental solution

$$\widetilde{Y} \backsim \widetilde{V}(x)\, E(x) \qquad\qquad (3.13),$$

where $V(x)$ is a formal power series, and

$$E(x) = \mathrm{diag}\left\{ e^{q_1(x)} x^{\rho_1}, \ldots, x^{q_n(x)} x^{\rho_n} \right\}\ . \qquad (3.14)$$

The functions $q_j(x)$ are polynomials in x^{-1} with leading term
$x^{1-h} \lambda_j/(1-h)$.
If the λ_j are known, the terms of the series $\widetilde{Y}$ can be succes
sively caluulated by rational operations. The leading term
of $\widehat{V}(x)$ is a nonsingular matrix.

3.3.- The related differential equation and the integral
equation.

Our next task is to show that the formal solution (3.13) of
the formal differential equation (3.6) is an asymptotic
representation, for $x \longrightarrow 0$, of an actual solution of the dif
ferential equation (3.2). Until now it was immaterial
whether $\widehat{A}(x)$ was a convergent or divergent series. We shall
now assume, as in the beginning, that $A(x)$ is holomorphic
at $x=0$, so that we need not distinguish in our notation
between $A(x)$ and $\widehat{A}(x)$. But the arguments to be developed
apply with hardly any change to the case that $A(x)$ has a
singularity at $x=0$ of such a nature that $A(x) \backsim \sum_{r=0}^{\infty} a_r x^r$ in
some sector S, where the series in the right member is di-
vergent.

Our task is greatly facilitated by an interesting theorem

for which there exist at least three independent proofs in
the literature.

The simplest of these is due to J.F. Ritt $[6]$. Here we
content ourselves with a statement of the result.

Theorem 3.2.-; <u>To every formal power series $\sum_{r=0}^{\infty} a_r x^r$ and
to every sector S there exist functions f(x) holomorphic in
S such that</u>

$$f(x) \sim \sum_{r=0}^{\infty} a_r x^r, \qquad \text{in S.}$$

At first glance it might appear that this theorem takes
complete care of our problem, for it assures us that there
exists, in any sector S^* abutting at x=0, a matrix function
$V^*(x)$ holomorphic in S^* and satisfying the asymptotic relation

$$V^*(x) \sim \tilde{V}(x), \qquad \text{in } S^* . \tag{3.15}$$

Therefore the function

$$Y^*(x) = V^*(x) \, E(x) \tag{3.16}$$

possesses $\tilde{Y}$ as its asymptotic expansion and this satisfies
the given differential equation formally. However, this does
not imply that $Y^*(x)$ is a solution of the differential equation (3.2). The function $y^* = e^x + e^{-x}$, e.g., is, for Re x > 0,
asymptotically equal to $y = e^x$, but y^* does not solve the
($x \to \infty$,)
differential equation y' = y. While y^* is indeed a good
approximation to y for Re x > 0, the two functions differ
radically in Re < 0.

Nevertheless we shall find $Y^*(x)$ an extremely useful function
for our proof. We shall call it the <u>related function</u>. $Y^*(x)$
solves the differential equation

$$x^h Y^{*\prime} = A^*(x) \, Y^*(x) \, , \tag{3.17}$$

                    W. Wasow

with

$$A^*(x) = x^h Y^{*\prime}(x)\, Y^{*-1}(x) \quad , \qquad (3.18)$$

which will be referred to as the <u>related differential equation</u>
Since $Y^* \sim \widetilde{Y}$ in S we find from (3.6) and (3.18) that

$$A^*(x) \sim \sum_{r=0}^{\infty} A_r x^r = A(x) \quad , \quad \text{in } S^* \quad . \qquad (3.19)$$

We have to show that the asymptotic equality of the given
and related differential equation implies the asymptotic
equality of their solutions, at least in certain sectors.
There exists a very widely used general technique for the
comparison of solutions of two differential equations that
are almost the same, such as (3.2) and (3.17). Its main idea
is to construct, with the help of the formula for the solution of a nonhomogenous linear differential equation in terms
of the solution of the homogenous one, a Volterra type
integral equation for the solution of the given differential
equation. This integral equation is constructed in such
a way that its kernel is small, thanks to the similarity
of the two differential equations. In our problem we arrive
at this integral equation by writing (3.2) in the form

$$x^h Y' - A^* Y = (A - A^*)Y \quad . \qquad (3.20)$$

The general formula for the solution of a nonhomogenous
matrix differential equation

$$Z' = C(x)Z + \varphi(x) \qquad (3.21)$$

is

$$Z = X(x)\, K + X(x) \int_a^x X^{-1}(t)\, \varphi(t)\, dt \quad , \qquad (3.22)$$

where $X(x)$ is a fundamental solution of the corresponding
homogeneous equation. This well known formula can be easily
verified. K is an arbitrary constant matrix (The notation
used here is independent of that of our main problem).

We apply (3.22) to (3.20), treating the right member as
though it were a known function. There results the integral
equation

$$Y(x) = Y^*(x) K + Y^*(x) \int_{\Gamma(x)} Y^{*-1}(t)\left(A(t) - A^*(t)\right) t^{-k} Y(t)\, dt \qquad (3.23)$$

where $\Gamma(x)$ is a path ending at x which will have to be specified.

It is not necessary to take the same path of integration for
all n^2 scalar equations that constitute (3.23).

In fact, for our present application the path will have to
depend on the element of the matrix that is being integrated.
We retain the notation of (3.23) for this case, but $\Gamma(x)$
is now a matrix of paths;

$$\Gamma(x) = \left\{ \gamma_{ij}(x) \right\} \qquad .$$

This generalization and the necessity - for subsequent arguments - of letting the paths $\gamma_{ij}(x)$ start at the singularity x=0 preclude the possibility of establishing the existence of a solution of (3.23) by a simple reference to the
existence theorem for the differential equation from which
it was derived. However, if a solution of (3.23) exists
such that the derivative of the integral in (3.23) is its
integrand, then the solution solves also the differential
equations (3.2), as can be verified by direct substitution.
We anticipate that, thanks to the asymptotic equality of
$A(t)$ and $A^*(t)$, the integral in (3.23) will be asymptotically zero, at least for a suitable choice of K and $\Gamma(x)$. For
K the obvious choice is K=I, since we wish to prove the
asymptotic equality of $Y(x)$ and $Y^*(x)$. It is further convenient to introduce $V(x)$, defined by

$$Y(x) = V(x) E(x) \qquad ,$$

as a new unknown in (3.23). Using also (3.16) the integral
equation then takes the form

$$V(x) = V^*(x)$$
$$+ V^*(x) \int_{\Gamma(x)} E(x) E^{-1}(t) V^{*-1}(t) [A(t) - A^*(t)] V(t) E(t) E^{-1}(x) t^{-k} \, dt \tag{3.24}$$

whose kernel we must now appraise.

3.4. - The paths of integration.

Since $A - A^* \sim 0$ and $V^* \sim \widetilde{V}$ near zero, the decisive factors
in (3.24) are the matrices $E(x)$, $E(t)$, $E^{-1}(x)$, $E^{-1}(t)$.
For convenience we introduce the quantities.

$$p_j(x) = q_j(x) + \rho_j \log x \quad ,$$

which permits us to write

$$E(x) = \text{diag} \left\{ e^{p_1(x)}, \ldots, e^{p_n(x)} \right\} \quad .$$

Hence

$$E(x) \, E^{-1}(t) = \text{diag} \left\{ e^{p_i(x) - p_i(t)} \right\} \quad ,$$

and the (i,j) element of the matrix in the integrand of
(3.24) has the form

$$\exp \left\{ p_i(x) - p_j(x) - p_i(t) \right\} \quad L_{ij} \left[V(t) \right] \tag{3.25}$$

where $L_{ij} \left[V(t) \right]$ is a homogeneous linear function of the n^2
elements of $V(t)$. Because of $A - A^* \sim 0$ the coefficients of
this linear function are asymptotically zero, as $t \longrightarrow 0$.
More precisely, each coefficient is for arbitrary m of the
form $E(t,m) t^{-m}$, where $E(t,m$ is uniformly bounded, if t is
in S^*.
Our aim of choosing the path of integration $\gamma_{ij}(x)$ in
such a way that (3.25) is asymptotically small on $\gamma_{ij}(x)$

will be achieved, if Re $\left\{p_i(t) - p_j(t)\right\}$ decreases monotonically as t moves along $\gamma_{ij}(x)$, since the exponent in (3.25) has
then its real part always non-positive.

In order to construct such a path we introduce the auxiliary
variable

$$\zeta = t^{1-h} \tag{3.26}$$

and study the function $p_i(t) - p_j(t)$ in the ζ-plane. Observe
that, by virtue of theorem 3.1 and the definition of the
$p_j(t)$,

$$p_i(t) - p_j(t) = \frac{\lambda_i - \lambda_j}{1-h} \, t^{1-h} \left[1 + t\, e_{ij}(t)\right] \tag{3.27}$$

where the function $e_{ij}(t)$ and all its derivatives are uniformly bounded inside any fixed circle about the origin. The
path $\gamma_{ij}(x)$ will be constructed as the antecedent of a certain
halfline $\lambda_{ij}(\zeta)$ in the ζ-plane with endpoint at $\zeta =$
$= \xi = x^{1-h}$, the image point of t=x. Since $\gamma_{ij}(x)$ must lie
in the domain T for which the asymptotic theorem is to be
proved, it is best to define T too as the antecedent of a
suitable domain Σ in the ζ-plane.

To this end we consider first in the t-plane a sector T^*
with vertex at the origin and central angle $\Pi/(h-1)$. The
position of T^* is arbitrary, except that its bounding rays
are not to be among the (q+1) (n-1)n rays emanating from
t=0 on which

$$\text{Re}\left[(\lambda_\nu - \lambda_\mu)t^{1-h}\right] = 0; \quad \nu, \mu = 1, 2, \dots, n \; ; \quad \nu \neq \mu.$$

The image Σ^* of T^* is a half plane.
Next we introduce two sectors Σ^{**} and Σ^{***} in the ζ-plane

such that

$$\Sigma^{**} \supset \Sigma^{*} \supset \Sigma^{***} \;.$$

These three sectors are to have a common bisector. Let their central angles be called, respectively, $\gamma + 2\varepsilon$, π, $\pi - 2\varepsilon'$ (See the figure below). We take

$$\varepsilon' > \varepsilon \;.$$

Furthermore, ε' must be so small that every one of the $n(n-1)/2$ lines $\mathrm{Re}\left[(\lambda_\nu - \lambda_\mu)\zeta\right] = 0$ has one half-line inside Σ^{***}.

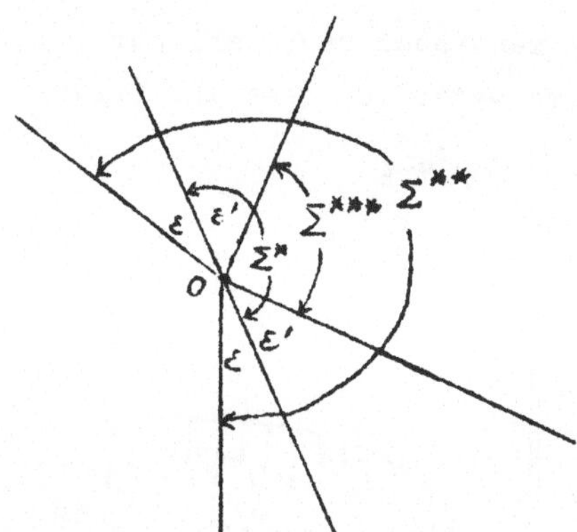

The sector Σ mentioned above is now obtained by shifting Σ^{**} parallel to itself in such a way that its vertex moves into a point ζ_0 inside Σ^{*}. This point ζ_0 is arbitrary, except that its distance from the origin must exceed a certain minimum, which will be specified below. The antecedent T of Σ is not a sector, but it properly contains the portion of the sector T^{*} that lies inside a certain fixed circle.

The direction of the ray $\lambda_{ij}(\xi)$ whose antecedent is $\gamma_{ij}(x)$ is to be the same for every ξ in Σ and such that $\mathrm{Re}\left[(\lambda_i - \lambda_j)\zeta\right]$ increases monotonically to $+\infty$ as ζ goes to infinity on $\lambda_{ij}(\xi)$.

Because of (3.27) the same is then true of $\mathrm{Re}\left[\, p_i(t) -\right.$
$\left.- p_j(t)\,\right]$, provided the number ζ_o introduced above is chosen
sufficiently large.

Also, $\lambda_{ij}(\xi)$ is to lie in Σ for all ξ in Σ. Such paths
$\lambda_{ij}(\xi)$ can be always found. For the sector Σ^{***} contains
by construction a ray through O on which $\mathrm{Re}(\lambda_i - \lambda_j)\zeta = 0$.
Within an arbitrarily small central angle of this ray there
exist then rays still in Σ^{***}, on which $\mathrm{Re}(\lambda_i - \lambda_j)\zeta \to +\infty$
as ζ tends to infinity. If we make the change in the
central angle less than $\varepsilon' - \varepsilon$ and take $\lambda_{ij}(\xi)$ parallel to one of these last mentioned rays, all our requirements
concerning $\lambda_{ij}(\xi)$ are satisfied (see the figure below).

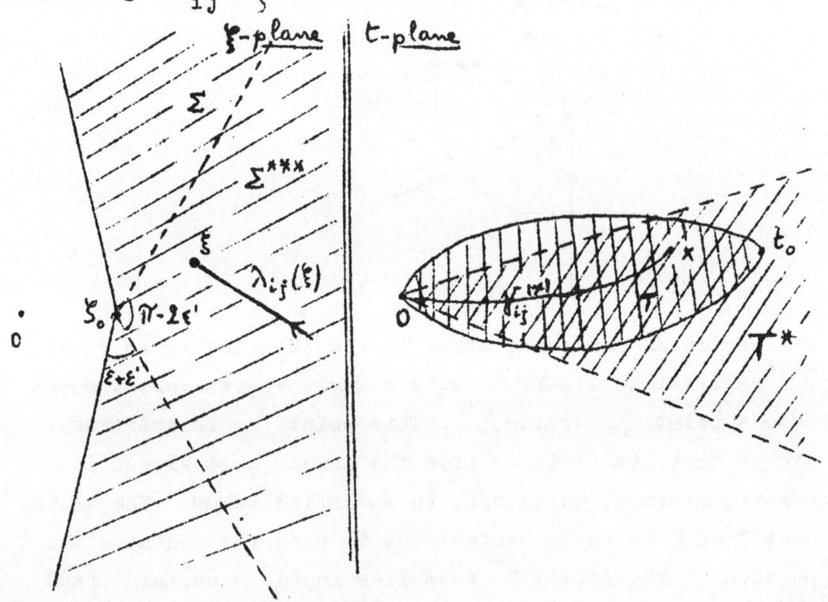

3.5.- The solution of the integral equation.

We apply to the integral equation (3.24) the iteration technique of Picard. A sequence of functions $V_r(x)$ is defined by setting $V_o(x) \equiv 0$ and taking as $V_{r+1}(x)$ the value of the right member of (3.24) with $V(x)$ replaced by $V_r(x)$. Then

$$V_1(x) = V^*(x)$$

and

$$V_{r+1}(x) - V_r(x) = V^*(x) \int_{\Gamma(x)} \left\{ e^{p_i(x) - p_j(x) - (p_i(t) - p_j(t))} L_{ij}[V_r(t) - V_{r-1}(t)] \right\} dt \tag{3.28}$$

where the braces $\{ \ldots \}$ indicate the matrix whose (i, j)-element is the quantity they include, and L_{ij} is as in (3.25). For the appraisal of the matrices $V_{r+1}(t) - V_r(t)$ we introduce as norm $\|M\|$ of any matrix M the modulus of its largest element. Our discussion is based on the following lemma.

<u>Lemma.</u> <u>Let $W(x)$ be a matrix whose elements are bounded in T and write, for abbreviation</u>

$$\mathcal{L}[W(x)] = \int_{\Gamma(x)} \left\{ e^{p_i(x) - p_j(x) - (p_i(t) - p_j(t))} L_{ij}[W(t)] \right\} dt.$$

<u>Then</u>

$$\| \mathcal{L} W(x) \| \leq \sup_{z \in T} \| W(z) \| \, C(m) \, |x|^m , \quad x \in T,$$

<u>for all positive integers m. C(m) is independent of x and W(x).</u>

<u>Proof.</u> We have

$$\|\mathfrak{L}[W(x)]\| \leq n\,\|V^*(x)\| \left\| \int_{\Gamma(x)} |\{L_{ij}[W(t)]\}|\,|dt| \right\|, \quad x \in T,$$

because the exponential in the integrand of (3.28) is numeri_
cally not greater than unity provided t_o, the antecedent of
ζ_o, is sufficiently large, thanks to our definition of $\Gamma(x)$.
Now we recall that each $L_{ij}[W(t)]$ is a linear form of the
elements of $W(t)$ with coefficients that are of the order
$O(t^m)$ for t in T, <u>no matter how large m is</u>.
Hence, the last inequality can be replaced by

$$\|\mathfrak{L}[W(x)]\| \leq \sup_{z \in T} \|W(z)\|\, c(m) \left\| \int_{\Gamma(x)} |t|^m\,|dt| \right\|$$

with constant $c(m)$. By means of the transformation

$$\eta = |\xi|^{-1}\left(t^{1-k} - \xi\right)$$

this leads to

$$\|\mathfrak{L}[W(x)]\| \leq \sup_{z \in T} \|W(z)\|\, c(m)\, |\xi|^{\frac{1+m}{1-k}} \left\| \int_\Lambda \left| \eta + \frac{\xi}{|\xi|} \right|^{\frac{k+m}{1-k}} |d\eta| \right\|$$

where Λ denotes the matrix of paths obtained by drawing
rays parallel to $\lambda_{ij}(\xi)$, $i,j = 1,\ldots m$ through the origin
of the η -plane.
In order to show that the integrand in the last integral is
bounded we observe first that the path of integration forms
an angle with the direction of $\xi/|\xi|$ that differs from
π by at least $\xi' - \xi > 0$. For the direction of $\xi/|\xi|$
lies in $\sum^{**}$ while that of η is in $\sum^{***}$. Since, further-
more, $\xi/|\xi|$ has absolute value unity, $\eta + \xi/|\xi|$
is uniformly bounded away from zero in the integrand.

On the other hand, the inequality $\left| \eta + \xi / |\xi| \right| \geq |\eta| - 1$ secures the convergence of the integral for large η.

Hence the integral in the last expression is, for given m, uniformly bounded for ξ in Σ. As $|\xi|^{(1+m)/(1-h)} = |x|^{1+m}$, and m is an arbitrary integer the lemma is proved.

From (3.28) for $r=1$ we have

$$V_2(x) - V_1(x) = \mathcal{L}[v^*(x)] \quad .$$

The matrix $v^*(x)$ is bounded in T, say $\|v^*(x)\| \leq k$. Our lemma, with $m=1$, implies therefore

$$\|V_2(x) - V_1(x)\| \leq kc(1)\,|x| \leq kc(1)a \quad ,$$

provided

$$|x| \leq a, \quad \text{in } T \quad .$$

By iteration we obtain, generally, from the lemma and (3.28) the inequality

$$\|V_{r+1}(x) - V_r(x)\| \leq kc^r(1)a^r .$$

This guarantees the uniform convergence of the series $\sum_{r=1}^{\infty} (V_r(x) - V_{r-1}(x))$ in T, if T lies inside the circle $|x| = c^{-1}(1)$, which will be assumed. Hence we have the existence of the limit function

$$V(x) = \lim_{r \to \infty} V_r(x) = \sum_{r=1}^{\infty} (V_r(x) - V_{r-1}(x)).$$

Using our lemma we can conclude that $\mathcal{L}[V_{r-1}(x)]$ tends to $\mathcal{L}[V(x)]$, since

$$\left\| \mathcal{L}[V(x)] - \mathcal{L}[V_r(x)] \right\| = \left\| \mathcal{L}[V(x) - V_r(x)] \right\| \leq \sup_{x \in T} \|V(x) - V_r(x)\|$$

Hence $V(x)$ satisfies the integral equation (3.24), i.e.,

$$V(x) = V^*(x) + \mathcal{L}[V(x)] .$$

A final application of the lemma now shows that $V(x)$ is of the form

$$V(x) = V^*(x) + K(x,m)x^m \quad (m > 0, \text{ arbitrary}) \qquad (3.29)$$

where $K(x, m)$ is a matrix uniformly bounded in T, i.e., $V(x) \sim V^*(x)$. This statement is a fortiori true in every sector S contained in T.

The functions $V_r(x)$ are holomorphic in S. This follows recursively from the defining equations (3.28). For, if $V_r(x)$ and $V_{r-1}(x)$ are holomorphic, so are the integrals, inasmuch as the integrands tend to zero, as $t \longrightarrow 0$, Hence, the function $Y(x)=V(x) E(x)$ is a solution of the differential equation (3.2). Combining this with (3.15) and (3.29) our result is at hand, i.e., we have proved

<u>Theorem 3.3</u>. <u>Let</u> $A(x) = \sum_{r=0}^{\infty} A_r x^r$ <u>be a matrix holomorphic at</u> x=0 <u>for which all eigenvalues</u> λ_j, $(j = 1,\dots,n)$ <u>of</u> A_o <u>are distinct</u>. <u>Let</u> S' <u>be a sector with vertex at</u> x=0 <u>whose bounding rays include an angle of</u> $\pi/(h-1)$ <u>and are not parallel to any direction in which</u> $\mathrm{Re}(\lambda_i - \lambda_j)x^{1-h} = 0$. <u>Then the differential equation</u>

$$x^h Y' = A(x) Y$$

<u>possesses a fundamental solution</u> $Y(x)$ <u>such that for points</u> x <u>in the portion a certain sector</u> $S \supset S'$ <u>lying inside a certain circle</u> $|x| = x_o$, <u>the asymptotic relation</u>

$$Y(x) \sim \widetilde{Y}(x), \qquad (3.30)$$

<u>holds, where</u> $\widetilde{Y}(x)$ <u>is the formal solution defined in Theorem 3.1.</u>

It is important to remember that the fundamental solution
$Y(x)$ depends on the choice of the sector S', although it is
not claimed that S is the largest sector in which the asymptotic relation (3.30) is true for a given solution $Y(x)$.
As a **given** solution $Y(x)$ is followed by analytic continuation
around the point $x = 0$ one will in general arrive at some
ray beyond which (3.30) is no longer true for this particular
solution, although, by our theorem, there will be some other
fundamental solution asymptotically represented by $Y(x)$ in
this region. Such rays are called <u>Stokes lines</u> after the
mathematician who first noticed them.

4.- <u>Irregular Singularities of Nonlinear Differential Equa_
    tions.</u>

4.1- <u>Construction of the solution.</u> In accordance with **what**
has been said in section 3.1 we shall now analyze the vectorial differential equation

$$x^h y' = f(x,y) \quad , \quad h > 1 \quad . \tag{4.1}$$

We assume that the equation

$$f(0,y) = 0$$

possesses a holomorphic solution $y=u_0(x)$. By means of the
transformation

$$u = y - u_0(x) \tag{4.2}$$

the equation (4.1) is changed into a similar equation

$$x^h u' = f^*(x,y) \tag{4.3}$$

for which

$$f^*(0,0) = 0 \tag{4.4}$$

Hence, (4.3) can be written in the form

$$x^h u' = a(x) x + B(x)u + g(x,u) \quad . \tag{4.5}$$

Here $g(x,u)$ is a vector whose components possess multiple

power series expansions in the components of u, without constant or linear terms. Concerning the square matrix B(x) we need the restrictive hypothesis that <u>the eigenvalues of B(0) are distinct and not zero</u>. Theories do exist, [4] , [7] , that do not make this assumption, but they are considerably more involved.

The literal analog of the series $\sum_{r=o}^{\infty} u_r(x, \varepsilon) \varepsilon^{\gamma}$ used in §2 would be a series representation for the solution of the form $\sum_{r=o}^{\infty} u_r(x) x^r$. However, in this form the method for the convergence proof does not readily carry over. We therefore have to use a slight modification, as follows:
We set

$$u(x) = \sum_{r=o}^{\infty} v_r(x) \tag{4.6}$$

and insert this into the power series for g(x,u). Upon full expansion every component of the vector g(x,u) becomes represented by an infinite aggregate of products all of the form

$$b(x) \, v_{11}^{s_{11}} \, v_{12}^{s_{12}} \, v_{13}^{s_{13}} \cdots v_{1n}^{s_{1n}} \, v_{21}^{s_{21}} \cdots v_{2n}^{s_{2n}} \cdots v_{t1}^{s_{t1}} \cdots v_{tn}^{s_{tn}} \; .$$

Here $v_{r\beta}$ is the βth component of the vector v_r, and b(x) is a holomorphic function of x, varying from term to term. Let us define the <u>weight</u> of this product by

$$s_{11} + \cdots + s_{1n} + 2(s_{21} + \cdots + s_{2n}) + \cdots t(s_{t1} + \cdots + s_{tn}) \; .$$

Then we order the aggregate by collecting all products with the same weight into one term. Thus we obtain for g(x,u) formally an infinite sum

$$\sum_{r=2}^{\infty} h_r(v_1, \ldots, v_{r-1}; x) \tag{4.7}$$

where $h_r(v_1, \ldots, v_{r-1}; x)$ is a vector whose components are polynomials in the components of $v_1, \ldots, v_{r-1}$, with coefficients that depend holomorphically on x at x = 0.

The procedure leading to the series (4.7) can also be explained in the following way: Insert the series

$$\sum_{s=1}^{\infty} v_s(x) \mu^s$$

for u in g(x,u) and collect all terms containing the factor μ^r. Then set $\mu = 1$. The resulting series is (4.7). The absence of v_r in h_r is a consequence of the absence of linear terms in the series for g(x,u).

We next define $h_1(x)$ by

$$h_1(x) = a(x) x \tag{4.8}$$

As recursion formulas for the determination of the $v_r(x)$ we take

$$x^h v_r' = B(x)v_r + h_r(V_1,\ldots, v_{r-1}; x) \quad , r = 1,2,\ldots \tag{4.9}$$

If the series (4.6) converges absolutely and uniformly, it follows readily from (4.8) and (4.9) that its sum solves the differential equation (4.5).

As in § 2 the convergence proof consists of two parts. First we have to find bounds for $v_r(x)$ in terms of h_r. Then the convergence is proved by the method of dominating series with the help of these inequalities.

4.2.- <u>Lemmas on linear equations</u>. Let us apply the linear theory of § 3 to the vectorial nonhomogeneous linear equation

$$x^h v' = B(x)v + \varphi(x) \tag{4.10}$$

which is of the type (4.9). If Y(x) is a fundamental matrix solution of the homogeneous equation

$$x^h Y' = B(x) Y \tag{4.11}$$

the general solution of (4.10) is

$$x(x) = Y(x)\gamma + Y(x) \int_{\Gamma(x)} Y^{-1}(t) \, t^{-h} \varphi(t) \, dt \tag{4.12}$$

where γ is an arbitrary constant vector and $\Gamma(x)$ some
path ending at x. We may also take different paths for the
different components of $v(x)$ and interpret $\Gamma(x)$ as a symbo-
lical vector whose components are these paths.
For the asymptotic study of $v(x)$ we limit x to some sector S
of central angle exceeding $\pi/(h-1)$ in which theorem 3.3 can
be applied and take for $Y(x)$ - which may be any fundamental
solution of (4.11)-a solution with the asymptotic representation

$$Y(x) \sim \tilde{V}(x)\, B(x) \quad , \quad x \quad S \qquad (4.13)$$

The notation is that of §3 except that $B(x)$ plays now the
role of the matrix called $A(x)$ there. With $V(x)$ defined again
by $V(x) = Y(x)\, B^{-1}(x)$, formula (4.12) can be written

$$x(x) = V(x)E(x)\gamma + V(x) \int_{\Gamma(x)} E(x)\, E^{-1}(t)V^{-1}(t)\,t^{-h}\varphi(t)dt \qquad (4.14$$

For the discussion of the paths $\Gamma(x)$ to be chosen we employ
again the mapping $\zeta = t^{1-h}$ used in §3. The domain Σ of the
ζ-plane defined there can and will be taken so that its antecedent T lies in the sector S introduced in the preceding
paragraph. Since the central angle of Σ exceeds π there
exist for each j, $(j=1,2,\ldots,n)$ directions along which
$Re(\lambda_j \zeta)$ increases monotonically to $+\infty$, as ζ recedes from
ξ, the image of x, to infinity. Here we have made use of
the assumption that all λ_j are different from zero. By means
of a short discussion that resembles so much the analogous
argument in section 3.4 that it will be omitted here it can
further be shown that the halfline from ξ to ∞ along this
direction, when it and Σ are properly chosen will lie
entirely in Σ . As paths of **integration** $\gamma_j(x)$ in the
x-plane we take the antecedents of these halflines $\delta_j(\xi)$.

We can now prove

<u>Lemma 4.1.-</u>   <u>If T and</u> $\Gamma(x)$ <u>are defined in accordance with the preceding discussion then</u>

$$\| V(x) \int_{\Gamma(x)} E(x)E^{-1}(t)V^{-1}(t)t^{-h} \varphi(t)\, dt \| \leqslant c \sup_{x \in T} \| \psi(x) \| \; , \; x \in$$

<u>where c is a constant independent of</u> $\varphi(x)$.

<u>Proof</u>: The left member of the inequality above does not exceed the quantity

$$c_1 \sup_{x \in T} \| \varphi(x) \| \sup_{x \in T} \sum_{j=1}^{n} \left\{ \int_{\gamma_j(x)} | e^{\,p_j(x)-p_j(t)}\, t^{-h}\, dt | \right\} , \tag{4.15}$$

where the constant c_1 is independent of $\varphi(x)$ and $\gamma_j(x)$ is the jth of the n paths of integration represented symbolically by $\Gamma(x)$. The meaning of $p_j(x)$ was defined in section 3.4. Let

$$\pi_j(\zeta) = p_j(t) - \frac{\lambda_j}{1-h}\zeta + p_{1j}\zeta^{\frac{h-2}{h-1}} + \cdots + p_{h-2,j}\zeta^{\frac{1}{h-1}} + \frac{\lambda_j}{1-h}\log\zeta \tag{4.16}$$

with $\zeta = t^{1-h}$, as before. Then

$$\int_{\gamma_j(x)} | e^{\,p_j(x)-p_j(t)}\, t^{-h}\, dt | = \frac{1}{h-1} \int_{\delta_j(\xi)} e^{\,Re(\pi_j(\xi)-\pi_j(\zeta))} |d\zeta| , \tag{4.17}$$

if $\delta_j(\xi)$ denotes the image of $\gamma_j(x)$ in the ζ -plane. Now

$$\pi_j(\xi) - \widehat{\pi}_j(\zeta) - \frac{\lambda_j}{1-h}(\xi-\zeta) = \int_{\xi}^{\zeta} \left(\frac{d}{d\sigma}\widehat{\pi}_j(\sigma) - \frac{\lambda_j}{1-h} \right) d\sigma \tag{4.}$$

Let ρ_0 be the distance of the region Σ from the origin.
For σ in Σ it then follows from (4.16) that

$$\left| \frac{d}{d\sigma} \pi_j(\sigma) - \frac{\lambda_j}{1-h} \right| \leq M_1 |\sigma|^{-\frac{1}{h-1}} \tag{4.19}$$

with the constant M_1 depending on ρ_0. Formulas (4.18) and
(4.19) imply that, uniformly for ξ in Σ and ζ on $\delta_j(x)$,

$$\mathrm{Re}\left(\pi_j(\xi) - \widetilde{\pi}_j(\zeta)\right) = \mathrm{Re}\, \frac{\lambda_j}{1-h}(\xi-\zeta) + O\left(|\xi-\zeta|\, \rho_0^{-\frac{1}{h-1}}\right).$$

By our construction of the straight line path $\delta_j(\xi)$,

$$\mathrm{Re}\, \frac{\lambda_j}{1-h}(\xi-\zeta) \leq -d\,|\xi-\zeta| \quad ,$$

with positive constant α. Hence, for sufficiently large ρ_0,
i.e. for T sufficiently close to the origin of the t-plane,

$$\mathrm{Re}\left(\pi_j(\xi) - \widetilde{\pi}_j(\zeta)\right) \leq -\alpha^*|\xi-\zeta| \, , \quad \alpha^* > 0$$

This inequality proves the uniform boundedness of the quantity
(4.17), and, returning to (4.15), we see that the lemma is proved.
If the lemma and formula (4.14) are applied to the recursion
equations (4.9) it is seen that the latter admit solutions
that satisfy the sequence of inequalities
$$\tag{4.20}$$

$$\|v_r(x)\| \leq c \sup_{x \in T} \| h_r(v_1(x),\dots, v_{r-1}(x);\, x)\| \quad , \quad x \in T \, , \quad r=1,2,\dots$$

In order to obtain such solutions the constant vector γ in
(4.14) must be taken as zero for all r, since every diagonal
element of E(x) diverges for approach to 0 along certain direc-

tions in T. Therefore, at best, one particular solution (4.6) of the differential equation (4.3) can be obtained in this fashion.

If we wish to find a solution of (4.3) that involves arbitrary parameters, x must be limited to some smaller sector $T^{*\prime}$ in which Re $(\lambda_j x^{1-h}) \neq 0$, (j=1,2,...,n), as will be shown in the next subsection. However, the convergence proof to be given requires that all the paths of integration lie in the same sector $T^{*\prime}$, which is not the case with the paths $\Gamma(x)$ used in the proof of lemma 4.1. We need the following different lemma.

<u>Lemma 4.2 - Let Σ' be a subsector of Σ in the ζ-plane that does not contain any direction Re $(\lambda_j \zeta) = 0$, and denote its antecedent in the t(or x) plane by T'. Then a set of paths</u> $\Gamma'(x)$ <u>can be found in T' such that</u>

$$\left\| V(x) \int_{\Gamma'(x)} E(x) E^{-1}(t) V^{-1}(t) t^{-k} \varphi(t)\, dt \right\| \leq c' \sup_{x \in T^{*\prime}} \|\varphi(x)\| , \qquad (4.21)$$

$$x \in T^{*\prime},$$

<u>where c' is a constant independent of</u> $\varphi(x)$.

<u>Proof:</u>,Since many details resemble those of lemma 4.1 we can be very short. Draw the infinite ray from the vertex ζ_o of Σ' through ξ in Σ'. If Re$(p_j(t)) > 0$ for a particular j we take as path $\delta'_j(\xi)$ in the ζ-plane the infinite part of this ray from ∞ to ξ . In the opposite case $\delta'(\xi)$ is the finite segment from ζ_o to ξ . With these choises for the paths arguments essentially equivalent to those used to prove lemma 4.1 can be employed.

<u>Remark:</u> Any sector $T^{*\prime}$ with vertex at x = 0 such that Re $(\lambda_j x^{1-h}) \neq 0$, j = 1,2,...,n in $T^{*\prime}$ and that neither Re $(\lambda_j x^{1-h})$ nor Re$(\lambda_i - \lambda_j) x^{1-h})$ vanish on its bounding rays is contained in some domain T' as defined in lemma 4.2, provided the radius of the circular boundary arc of $T^{*\prime}$ is taken sufficiently small.

4.3. - <u>The convergence proofs.</u>

Let k_o and k be chosen so that the vector function $g(x,y)$ of (4.5) is holomorphic for

$$|x| \leqslant k_o \;, \; \|u\| \leqslant k \tag{4.22}$$

If

$$\|g(x,y)\| \leqslant M, \quad \text{for} \quad |x| < k_o \;, \; \|u\| < k \tag{4.23}$$

a standard argument shows that the scalar quantity

$$\hat{g}(u) = M \left(\sum_{j=1}^{n} \frac{u^{(j)}}{k} \right)^2 \left(1 - \sum_{j=1}^{n} \frac{u^{(j)}}{k} \right)^{-1} \tag{4.24}$$

is a simultaneous dominating function in the domain (4.22) for all the n component of $g(x,u)$. The notation $u^{(j)}$ rather than u_j for the components of u is used, since the latter symbol will presently be needed in a different meaning.

Next we solve the differential equation (4.9) successively by means of formula (4.12) taking always $\gamma = 0$ and using the paths of integration introduced for lemma 4.1. Then the inequalities (4.20) are satisfied. For $v_1(x)$ a slightly stronger statement is needed. We have, using (4.8) and (4.14), so that for $r=1$ the inequality (4.20) can be replaced by

$$\|v_1(x)\| \leqslant |x| c \sup_{x \in T} \|a(x)\| = |x| A \;, \tag{4.25}$$

if we set

$$A = c \sup_{x \in T} \|a(x)\| \;,$$

for abbreviation.

If the formal series of vectors

$$\sum_{r=1}^{\infty} \hat{u}_r x^r \tag{4.26}$$

is inserted for u into $g(u)$, there results, after collection of like powers of x, the scalar series

     W. Wasow

$$\sum_{r=2}^{\infty} \hat{h}_r(\hat{u}_1,\ldots, \hat{u}_{r-1}) \, x^r \ .$$

The $\hat{h}_r$ are polynomials in the components of $u_1,\ldots,u_{r-1}$. Because of the construction of h_r and $\hat{h}_r$ and of the dominating property of $\hat{g}(u)$ every coefficient of a monomial occurring in $\hat{h}_r$ is an upper bound for the modulus of the corresponding coefficient of h_r in $|x| \leq k_o$.

Now we define a vector function $\hat{u}(x)$ by the system of equations

$$\hat{u}^{(j)} - Ax - c\hat{g}(\hat{u}) = 0 \ , \ (j=1,2,\ldots,n) \ , \qquad (4.27)$$

for the components $\hat{u}^{(j)}$ of $\hat{u}$. The Jacobian of this system at $x=\hat{u}=0$ is equal to unity; it defines therefore n functions $\hat{u}^{(j)}(x)$ holomorphic at $x=0$ and, incidentally, all identical. If we set $\hat{u}= \sum_{r=1}^{\infty} \hat{u}_r x^r$, $(j=1,\ldots, n)$, there result for the $\hat{u}_r$ the recursion formulas

$$\hat{u}_1^{(j)} = A \qquad\qquad\qquad (4.28)$$

$$\hat{u}_r^{(j)} = c \, \hat{h}_r(\hat{u}_1,\ldots, \hat{u}_r) \ , \ r > 1, \qquad \begin{array}{c}(j=1,\ldots,n)\end{array} \qquad (4.29)$$

From (4.28) and (4.25) we conclude that

$$\| V_1(x) \| < \hat{u}_1^{(j)} |x| = \| \hat{u}_1 \| \, |x| \qquad , \quad x \in T \qquad (4.30)$$

We shall now show by induction that generally

$$\| V_r(x) \| \leq \hat{u}_r^{(j)} \sup_{x \in T} |x|^r \leq \| \hat{u}_r \| \sup_{x \in T} |x|^r, \quad x \in T, \ r=1,2,\ldots \qquad (4.31)$$

In fact, assume (4.26) to be true for $r \leq s - 1$, then

$$\qquad\qquad\qquad\qquad\qquad\qquad\qquad\qquad (4.32)$$

$$\| V_s(x) \| \leq c \sup_{x \in T} \| h_s(V_1,\ldots, V_{s-1} ; x) \|$$

$$\leq c \sup_{x \in T} \hat{h}_s(\hat{u}_1|x|, \hat{u}_2|x|^2,\ldots, \hat{u}_{s-1}|x|^{s-1}),$$

because of lemma 4.1, the dominating property of $\hat{h}$ and formula
(4.31). Since $\hat{h}_s$ is composed of terms of "weight" s , in the
sense explained in section 4.1, the last member of (4.32) can be
replaced by

$$ c\,\hat{h}_s(\hat{u}_1, \ldots, \hat{u}_{s-1})\,\sup_{x \in T}|x|^s $$

and (4.30) follows by a reference to (4.29).

The series (4.26) with the indicated interpretation of the $\hat{u}_r$
is convergent in some circle about x = 0. If the radius of the
sectorial domain T is taken so small that T lies in this circle
the absolute and uniform convergence of the series $\sum\limits_{r=0}^{\infty} v_r(x)$ in
T is a consequence of the inequalities (4.31).

The solution of the differential equation (4.5) represented by
this series will be called a <u>wide angle solution</u>, since its
existence and convergences, as $x \to 0$, has been proved in a sector
of angular width exceeding $\pi/(h-1)$, which is as much as was <u>pro</u>
ved for linear equations. A different type of solutions, "narrow
angle solutions" will be discussed presently. Wide angle solutions
belonging to different sectors T are in general not analytic
continuations of each other. The theorem below summarizes the
result obtained so far.

<u>Theorem 4.1 - (Wide angle solutions)</u> <u>Let the eigenvalues λ_j of
the matrix B(0) be all distinct and different from zero. Denote
by S' some sector with vertex at x=0 whose bounding rays include
an angle of $\pi/(h-1)$ and are not parallel to any direction in
which Re$((\lambda_i - \lambda_j)\,x^{1-h}) = 0$. Then the vectorial differential
equation (4.5) possesses a solution u(x) such that for x in the
portion of a certain sector S $\supset$ S' lying inside a certain circle
$|x| \leq x_1$ the uniformly and absolutely convergent representation</u>

$$ u(x) = \sum_{r=1}^{\infty} v_r(x) $$

<u>holds. Here $v_r(x)$, r=1,2,... are solutions of the recursive
system of differential equations (4.9) that tend to zero as x</u>

112

<u>approaches the origin in S.</u>

The construction of the "narrow angle" solutions is based on
lemma 4.2. Let the vector γ in (4.12) be chosen so that all
those of its components are zero that correspond to rows for
which Re($\lambda_j x^{1-h}$) > 0 in T' . If $v_1(x)$ is calculated from the
differential equations (4.9) using formula (4.12) with γ as
described and taking for $\Gamma(x)$ the paths $\Gamma'(x)$ of lemma 4.2,
then we see from this lemma that $v_1(x)$ is bounded in T', in fact,
it even datisfies an inequality of the form

$$\| v_1(x) \| \leq |x| A'$$

(4.28)

analogous to (4.20). The constant A' depends on γ . For the
calculations v_r , $r > 1$, we set $\gamma = 0$ in (4.12) and abtain from
lemma 4.2 the inequalities

(4.29)

$$\| v_r \| \leq c' \sup_{x \in T'} \| R_r(v_1, \ldots, v_r; x) \| , x \in T', r = 2, \ldots$$

corresponding to (4.19) before.

On the basis of (4.28) and (4.29) the convergence proof can be
conducted literally as before for the wide angle solution. This
proves

<u>Theorem 4.2.- (Narrow angle solution). Let the assumptions of
theorem 4.1 be satisfied and denote by S" some subsector of S
such that Re ($\lambda_j x^{1-h}$) $\neq$ 0 throughout S". If q(0 $\leq$ q $\leq$ n) of the
quantities Re ($\lambda_j x^{1-h}$) are negative in S", then (4.5) possesses a solution u(x) involving q arbitrary parameters such that
in the portion of S" with $|x| \leq x_1'$ (x_1' constant) a convergent
series representation $u(x) = \sum_{r=1}^{\infty} v_r(x)$ holds.</u>

<u>The $v_r(x)$ are certain solutions of (4.9) tending to zero as</u>
<u>$x \longrightarrow 0$ in S"</u>.

Only if $q = n$ can a narrow angle solution be regarded as the
"general solution". It is clear that <u>sectors with $q = n$ exist</u>
<u>if and only if all λ_j lie in the same half plane</u>. The term
"general solution" requires, however, some clarification
in the case of nonlinear differential equations. One plausible
question to ask is whether the parameter vector γ can be
 chosen so as to achieve a prescribed initial value u_0 at some
preassigned point.

In the case under consideration, i.e. with $q=n$, all paths that
constitute $\Gamma'(x)$ start at x_0. Because of our construction of
the $v_r(x)$ in the narrow angle case we have $v_r(x_0) = 0$, for $r > 1$,
and $v_1(x_0) = V(x_0) E(x_0) \gamma$. Hence, if we wish to have
$u(x_0) = u_0$, we must take

$$\gamma = E^{-1}(x_0) V^{-1}(x_0) u_0 .$$

This does not yet quite answer our question. For while the
statement of lemma 4.2 remains valid in a domain containing
the point x_0, the convergence of the series $\sum_{r=1}^{\infty} v_r(x)$ has been
established only for $|x| \leq x_1$, and the constant x_1 depends
on c' and A', for as dominating function we have used the solution of the equation

$$\hat{u} - A' r - c' \hat{q}(\hat{u}) = 0 .$$

These latter two constants, in their turn were defined in terms
of x_0 and γ , and γ depends on u_0. By means of a somewhat
tedious analysis of the appraisals involved in the proof of
theorem 4.2 it can be shown that for suitably small x_0 and u_0
the point x_0 <u>does</u> lie in the domain of convergence of the series
$\sum_{r=1}^{\infty} v_r(x)$. It does not seem worth while to report the proof

of this limited result which we now state as a theorem.

Theorem 4.3. If $\mathrm{Re}(\lambda_j x_0^{1-h}) < 0$, $j = 1,2,\ldots, n$, and if x_0 is sufficiently small, then every solution of the differential equation (4.5) for which $\|u(x_0)\| \leqslant k_2$ is a narrow angle solution. The constant k_2 depends on x_0.

If $\varphi(x)$ possesses an asymptotic power series development in T then repeated integrations by parts lead, in a way that resembles the calculations in section 2.3, to an asymptotic power series for the integral in (4.14). The calculation of $v_1(x)$ for the narrow angle solution was the only application of formula (4.14) with $\gamma \neq 0$. In this case all components of $V(x) E(x) \gamma$ contained an exponential factor which made that term asymptotically equal to zero. Hence, we conclude successively that all $v_r(x)$, and therefore also $u(x)$, possess asymptotic power series expansions. This expansion of $u(x)$ can more easily be found by direct substitution of a formal series into (4.5). Thus we have

Theorem 4.4. All wide angle and narrow angle solutions possess in their respective sectors S or S"the same asymptotic power series expansion. This series can best be found by formal insertion into (4.5) and identification of powers of x.

B i b l i o g r a p h y

1. Briot et Bouquet, Recherches sur les propriétés des fonctions
définies par des équations différentielles.
Journ. Ecole Polytech., v.21, cahier 36,
(1856).

2. M.H. Dulac, Points singuliers des équations différentielles,
Mém. Sc. Math. v. 56, 1-67 (1934).

3. M. Hukuhara, Intégration formelle d'un système d'équations non
linéaires dans le voisinage d'un point singulier.
Ann. Mat. pura appl. IV.s. v. 19, 35-44 (1940).

4. J. Malmquist, Sur l'étude analytique des solutions d'un système
d'équations différentielles dans le voisinage
d'un point d'indétermination. Acta Math.

I. v. 73, 87-129 ,
II. v. 74, 1-64, III. v. 74, 109-128 (1941).

5. _____ Sur les points singuliers des équations différen
tielles, Ark. Mat. Astron. Fys. 29 A, no. 18,
1-11 (1543).

6. J.F. Ritt, On the derivatives of a function at a point,
Ann. of Math. v. 18, 18-25 (1918).

7. W.J. Trjitzinsky , Theory of non-linear singular differential
systems, Trans. Amer. Math. Soc; v.42,
225-321 (1937).

8. _____ Analytic theory of non-linear singular differential equations, Mém. Sc. Math. no. 90, 1-81
(1938)

9. _____ Developments in the analytic theory of algebraic
differential equations, Acta Math. v. 73, 1-85
(1941).

10. H.L. Turrittin, Asymptotic expansions of solutions of systems
of ordinary linear differential equations
containing a parameter, contributions to the
Theory of Non-linear Oscillations, v.II, Ann.
of Math. Studies v. 29 Princeton Univ. Press
1952, pp. 81-115.

11. I.M. Volk,   On the periodic solutions of non-autono-
                     mous systems depending on a small parameto.
                     (Russian), Akad. Nauk SSSR. Prikl. Mat.
                     Meh., v. 10, 559-574 (1946).

12. W. Wasow,   On the construction of periodic solutions
                     of singular perturbation problems, Ann.
                     of Math. Studies, v. 20, Princeton Univ.
                     Press 1950, pp. 313-350.

o ——————— o

G I O V A N N I   S A N S O N E

-.QUESTIONI SULLE EQUAZIONI NON LINEARI.-

R O M A - Istituto Matematico - R O M A

1954-55

CAP. I

PUNTI SINGOLARI E TEOREMI DI EQUICOMPORTAMENTO. LE EQUAZIONI OMOGENEE IN GRANDE.

1.- Generalità sui punti singolari elementari.-

Si richiamano le nozioni di <u>fuoco</u>, <u>centro</u>, <u>colle</u>, <u>nodo</u> (stellato, con due tangenti, con una tangente) relative al sistema differenziale

$$(1.1) \qquad \begin{cases} \dfrac{dx}{dt} = \alpha x + \beta y \\[2mm] \dfrac{dy}{dt} = \gamma x + \delta y \end{cases}$$

con α, β, γ, δ costanti reali $(\alpha\delta - \beta\gamma \neq 0)$, con t variabile reale e con x,y coordinate cartesiane di punto del piano.

La discriminazione di questi punti <u>singolari</u> elementari è collegata alla natura delle radici dell'equazione caratte ristica

$$(1.2) \qquad \begin{vmatrix} \alpha - \rho & \beta \\[2mm] \gamma & \delta - \rho \end{vmatrix} = 0$$

associata al sistema (1).[1]

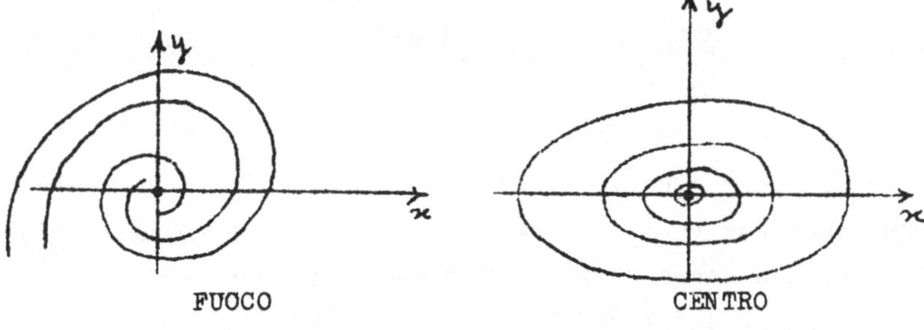

-----

(1) Vedi: <u>G.Sansone</u>. Equazioni differenziali nel campo reale - 2^a edizione. (1949), Cap. IX.

                                       G. Sansone

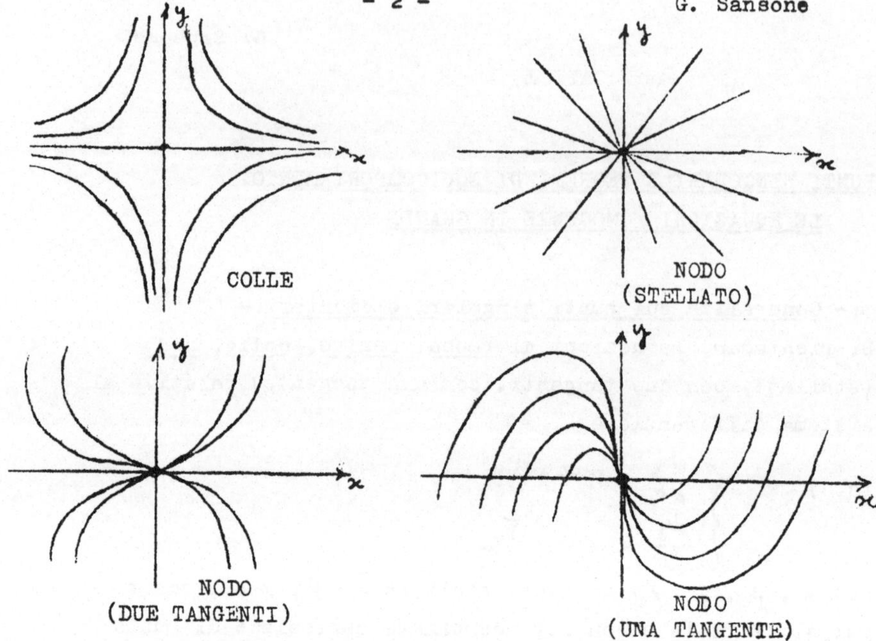

2.- <u>Teoremi di equicomportamento di</u> Poincaré <u>e di</u> Perron.-
a) Supponiamo di dover studiare il sistema

$$(2.1) \qquad \begin{cases} \dfrac{dx}{dt} = \alpha x + \beta y + f(x,y) \\[2mm] \dfrac{dy}{dt} = \gamma x + \delta y + g(x,y) , \end{cases}$$

e supponiamo

$$(2.2) \qquad f(0,0) = g(0,0) = 0 .$$

E' naturale la domanda: nell'intorno dell'origine (punto
singolare) le caratteristiche del sistema (2.1) si comportano come quelle del corrispondente <u>sistema ridotto</u> (1.1)?
La risposta non è sempre affermativa; ad es. O.Perron[2] os-
serva che le caratteristiche del sistema

----

(2)ved.<u>O.Perron</u>, Math. Zeitsch.,15 (1922),(pp.124-146),
   p. 128).

                                        G. Sansone

$$\begin{cases} \dfrac{dx}{dt} = -x + \dfrac{2y}{\log(x^2+y^2)} \\[2ex] \dfrac{dy}{dt} = -y + \dfrac{2x}{\log(x^2+y^2)} \end{cases}$$

hanno, in coordinate polari, le equazioni

$$\rho = \rho_0\, e^{-t} \quad , \quad \varphi = \varphi_0 + \log\!\left(t + \log\tfrac{1}{t_0}\right) - \log\log\tfrac{1}{t_0}$$

e l'origine è per esse del tipo del fuoco, mentre per il
sistema ridotto

$$\frac{dx}{dt} = -x \quad , \quad \frac{dy}{dt} = -y$$

è un nodo (stellato).

b) <u>H. Poincaré</u> nel caso di f(x,y), g(x,y) funzioni analiti
che[3] ed <u>O. Perron</u> in ipotesi più generali[4] hanno dato
dei teoremi di equicomportamento.

O. Perron suppone per il caso dei nodi:

$$\lim_{\substack{x\to 0\\ y\to 0}} \frac{\left|f_x(x,y)\right| + \left|f_y(x,y)\right| + \left|g_x(x,y)\right| + \left|g_y(x,y)\right|}{\left[|x|+|y|\right]^\ell} = 0,$$

per un $\ell > 0$, e per il caso del colle:

$$\lim_{\substack{x\to 0\\ y\to 0}} \frac{f(x,y)}{|x|+|y|} = 0 \quad , \quad \lim_{\substack{x\to 0\\ y\to 0}} \frac{g(x,y)}{|x|+|y|} = 0 .$$

Nei casi restanti (fuoco, centro) occorre qualche altra
condizione discriminativa.

3.- <u>Sistemi omogenei.</u>-

a) <u>H. Forster</u>, <u>R. von Mises</u>, <u>G. E. Silov</u>, <u>L.S. Liaghina</u> (5)
<u>hanno studiato il sistema</u>

(3)Cf. <u>S.Lefschetz</u>Lectures on differential equations,
Princeton Univ. Press 1948, p. 125 e segg.

(4)ved.<u>O.Perron.</u> Math.Zeitsch. 15(1922),pp.124-146;16(1923)
pp.273-295.

(continuaz. note a pag. 3)

(5) <u>H. Forster</u>, Math. Zeitsch. 43 (1938), pp. 271-320;
<u>R. von Mises</u>, Compositio Math. 6 (1939), pp. 203-220;
<u>G.E. Silov</u>, Uspehi Mat. Nauk, 5 (1950), pp. 193-208;
<u>L.S. Liaghina</u>, Ibid. 6 (1951) pp. 171-183.

$$(3,1) \quad \begin{cases} \dfrac{dx}{dt} = P(x,y) \\[2mm] \dfrac{dy}{dt} = Q(x,y) \end{cases}$$

con P(x,y), Q(x,y) funzioni omogenee (reali) aventi lo stesso grado, intero, di omogeneità.

Si suppone che valga il teorema di esistenza e di unicità
rispetto al problema di <u>Cauchy</u> e si suppone che sia

$$P(0,0) = Q(0,0) = 0 \ , \quad P^2(x,y) + Q^2(x,y) \neq 0 \qquad per \ (x,y) \neq (0,0).$$

Le caratteristiche del sistema (3.1) sono curve omotetiche
rispetto all'origine ed ogni retta per l'origine (privata
dell'origine) è una linea isoclina.

Un raggio per l'origine è una caratteristica del sistema
(3.1) [o, come dicesi, un <u>raggio invariante</u>] se il suo
coefficiente angolare k soddisfa l'equazione

$$k = \frac{Q(1,k)}{P(1,k)}$$

ovvero, posto $k = tg\,\varphi$, e posto

$$(3.2) \quad N(\varphi) = Q(\cos\varphi, sen\,\varphi) \cdot \cos\varphi - P(\cos\varphi, sen\,\varphi)\,sen\,\varphi$$

se φ è una radice dell'equazione

(3.3) $N(\varphi) = 0$

b) <u>Nel caso che l'equazione</u> (3.3) <u>sia priva di radici</u>
<u>(reali) l'origine è del tipo del fuoco o del centro; pre</u>
<u>cisamente, posto</u>

$$Z(\varphi) = Q(\cos\varphi, \sin\varphi)\sin\varphi + P(\cos\varphi, \sin\varphi)\cos\varphi,$$

secondo chè

$$\int_0^{2\pi} \frac{Z(\varphi)}{N(\varphi)}\,d\varphi > 0, \quad \int_0^{2\pi} \frac{Z(\varphi)}{N(\varphi)}\,d\varphi < 0, \quad \int_0^{2\pi} \frac{Z(\varphi)}{N(\varphi)}\,d\varphi = 0$$

le caratteristiche sono rispettivamente spirali " in espan
sione" (per φ crescente), spirali "in contrazione" (per
φ crescente), curve chiuse (cicli).
c) Sia φ_0 una radice dell'equazione (3.3), multipla di ordine μ . Avremo allora

$$N(\varphi) = \frac{N^{(\mu)}(\varphi_0)}{\mu!}(\varphi-\varphi_0)^\mu\left[1+\varepsilon_1(\varphi)\right]$$

$$Z(\varphi) = Z(\varphi_0)\left[1+\varepsilon_2(\varphi)\right], \qquad Z(\varphi_0)\neq 0$$

e l'equazione delle caratteristiche, in coordinate polari, diventa

$$(3.4) \quad \rho(\varphi) = \rho_0\, e^{-\mu!\frac{Z(\varphi_0)}{N^{(\mu)}(\varphi_0)}\int_\varphi^{\varphi_0+\delta}\frac{1+\varepsilon(\varphi)}{(\varphi-\varphi_0)^\mu}\,d\varphi} \quad (\varphi_0 < \varphi \leq \varphi_0+\delta),$$

$$(3.5) \quad \rho(\varphi) = \rho_0\, e^{\mu!\frac{Z(\varphi_0)}{N^{(\mu)}(\varphi_0)}\int_{\varphi_0-\delta}^\varphi\frac{1+\varepsilon(\varphi)}{(\varphi_0-\varphi)^\mu}\,d\varphi} \quad (\varphi_0-\delta \leq \varphi < \varphi_0)$$

Vogliamo esaminare l'andamento delle caratteristiche nel-
l'intorno del raggio invariante $\varphi = \varphi_0$ che supponiamo "iso-

lato" (vale a dire la radice φ_0 non sia un valore di accumulazione di radici della (3.3)).

Conviene per questo introdurre la distanza d(φ) del
punto corrente sulla caratteristica in esame dal raggio
invariante $\varphi = \varphi_0$ e distinguere 2 casi secondochè μ è
pari o dispari.

d) μ <u>pari</u>.

Sia

$$(3.6) \qquad Z(\varphi_0) \, N^{(\mu)}(\varphi_0) > 0$$

In tal caso l'andamento è quello della figura; la $\rho(\varphi)$
tende a zero per $\varphi \to \varphi_0$ mentre d(φ) tende a zero se
$\varphi > \varphi_0$ e tende a $+\infty$ se $\varphi < \varphi_0$:

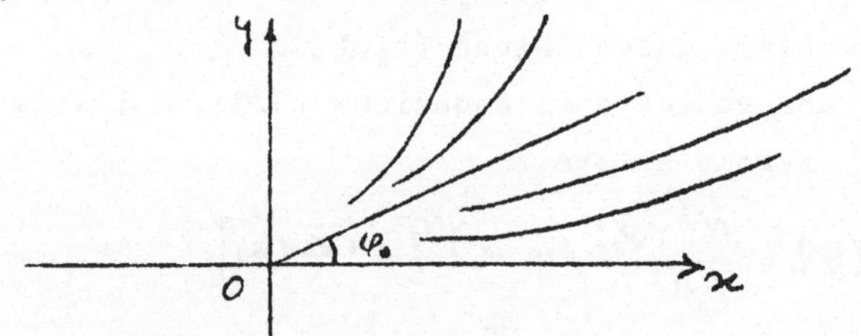

Se invece della (3.6) si ha la

$$(3.7) \qquad Z(\varphi_0) \, N'^{(\mu)}(\varphi_0) < 0$$

il comportamento è analogo; si tratta soltanto di ribaltare la figura precedente intorno al raggio $\varphi = \varphi_0$.

e) μ <u>dispari</u>.

L'esame di questo caso non è difficile se vale la (3.6);
si ha infatti $\rho(\varphi) \to 0$, d(φ) $\to 0$ per $\varphi \to \varphi_0$ come mostra la figura successiva.

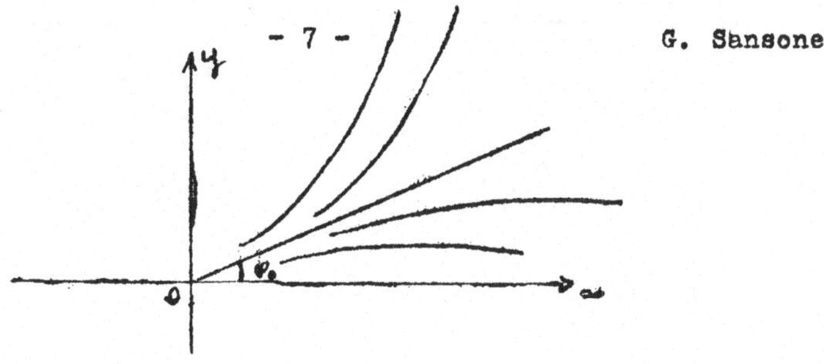

Maggiore attenzione occorre porre al caso (3.7); infatti
se è $\mu > 1$ si ha d(φ) $\to \infty$ e l'andamento è quello della figura seguente

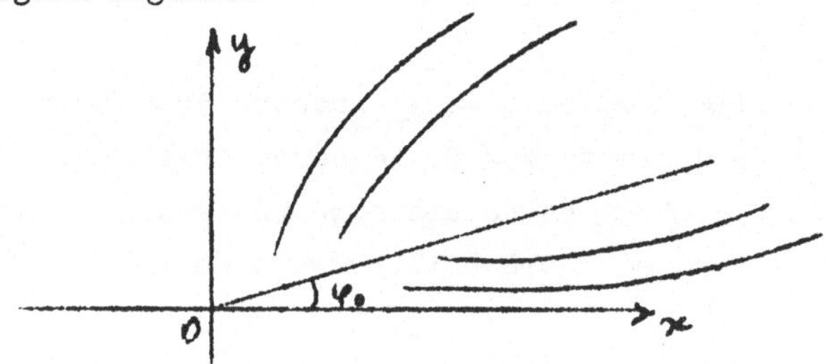

Lo stesso andamento (sempre nell'ipotesi (3.7)) si ha se
$\mu = 1$ ed insieme è

$$\left| Z(\varphi_0) / N'(\varphi_0) \right| > 1$$

Se invece è $\mu = 1$, ed è

$$\left| Z(\varphi_0) / N'(\varphi_0) \right| < 1$$

allora d(φ) $\to 0$, $\rho(\varphi) \to \infty$ per $\varphi \to \varphi_0$ e le caratteristiche si comportano come è indicato nella figura seguen-
te

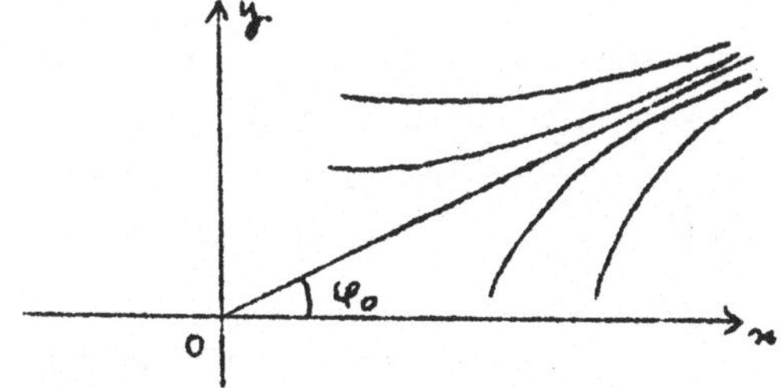

Resta infine il caso in cui, valendo la (3.7) ed essendo

μ =1 sia $\left| Z(\varphi_0)/N'(\varphi_0) \right|$ =1 o, ciò che è lo stesso,
sia

$$Z(\varphi_0) + N'(\varphi_0) = 0.$$

Con la ipotesi supplementare che sia anche

$$Z'(\varphi_0) + \frac{1}{2} N''(\varphi_0) \neq 0$$

si vede che $\rho(\varphi) \to \infty$ se $\varphi \to \varphi_0$ mentre d(φ) tende
verso un limite d finito e $\neq$ 0; le caratteristiche dell'in-
torno del raggio $\varphi = \varphi_0$ hanno ciascuna un asintoto parallelo al raggio stesso. Ciò è illustrato dalla figura successiva

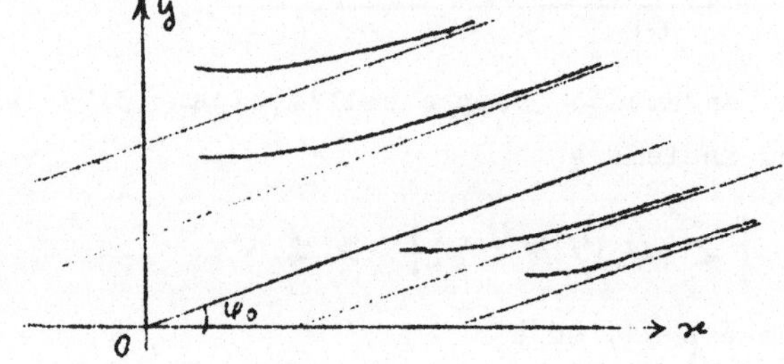

f) Da quanto si è visto facilmente si comprende come si
possa studiare completamente la configurazione delle caratteristiche del sistema omogeneo (1.1) allorchè l'equazione (3.3) non ha radici oppure ne ha un numero finito soltanto.
Si potrà in quest'ultimo caso stabilire l'andamento delle
caratteristiche stesse in ciascuno dei <u>settori</u> compresi
tra due raggi invarianti consecutivi e si comprende anche
facilmente come possa aversi una grandissima varietà di
configurazioni.
Per concludere diamo un esempio di sistema omogeneo con

4 raggi invarianti. Il sistema è il seguente

$$\begin{cases} \dfrac{dx}{dt} = xy - \ell x^2 \\[2mm] \dfrac{dy}{dt} = y^2 \, , \end{cases}$$

con $\ell > 0$; i raggi invarianti sono i due semiassi del-
l'asse delle x ($\varphi = 0$) e i due semiassi dell'asse delle y
($\varphi = \pi/2$).   I primi due presentano il caso illustrato alla fine del precedente paragrafo e); gli altri due presentano il caso illustrato in d).

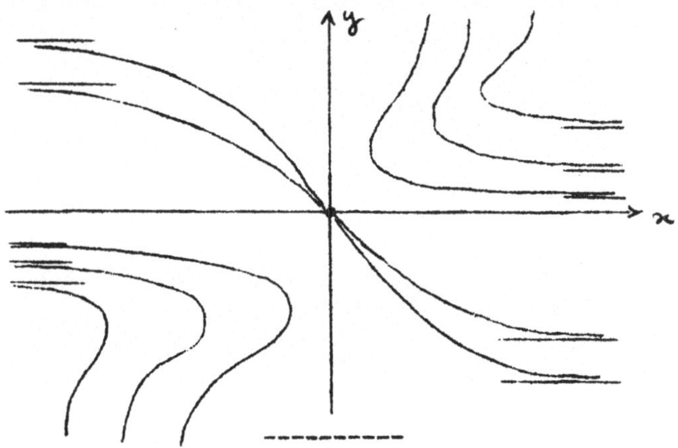

CAP. II

L'EQUAZIONE DI LIÉNARD. TEOREMI DI ESISTENZA DI SO-
LUZIONI PERIODICHE, DI UNICITA' E DI CONFRONTO.
CALCOLO DEL PERIODO.

1.- **L'equazione di A. Liénard.**-
Problemi di radiotecnica e problemi di elettricità hanno condotto allo studio degli integrali della così detta
equazione di Liénard [1].

$$(1.1) \qquad \frac{d^2 i}{dt^2} + \omega \cdot f(i) \frac{di}{dt} + \omega^2 i = 0 \, , \quad \left(\omega \ \text{cost. positiva} \right),$$

e precisamente alla ricerca delle soluzioni periodiche
di questa equazione, essendo f(i) una funzione continua
assegnata.
Della (1.1) è un caso particolare la così detta equazione
di B.V. der Pol

$$\frac{d^2 i}{dt^2} + \varepsilon \, (i^2 - 1) \, \frac{di}{dt} + i = 0$$

in cui f(i) è una funzione pari; vedremo però che risultati generali possono conseguirsi con la sola ipotesi della
continuità di f(i), e anche nel caso che f(i) abbia soltanto di continuità di prima specie [2].
Dichiariamo subito che non sempre la (1.1) ammette solu-

----

1) Cfr. per la bibliografia e per i risultati che qui si
espongono G.SANSONE: Sopra l'equazione di A. Liénard delle oscillazioni di rilassamento; Annali di Mat. pura ed
appl., (4), 28 (1949), 153-181.
2) Cfr. n. 7.

zioni periodiche. A esempic si dimostra[3] che se $f(i)$
è continua e

$$f(i) < 0 \quad per \quad \delta_{-1} < i < \delta_1 \ , \ (\delta_{-1} < 0, \ \delta_1 > 0),$$
$$f(i) > 0 \quad per \quad i < \delta_{-1} \quad e \ per \quad \delta_1 < i,$$

e se posto

$$(1.2) \qquad F(i) = \int_0^i f(s)\,ds$$

risulta $i \cdot F(i) < 0$, allora tutti gli integrali della
(1.1) soddisfano le condizioni

$$\lim_{t \to -\infty} i(t) = \lim_{t \to -\infty} i'(t) = 0, \ \overline{\lim_{t \to +\infty}} i(t) = +\infty, \ \underline{\lim_{t \to +\infty}} i(t) = -\infty;$$

questi integrali sono tutti oscillanti e i massimi e i
valori assoluti dei minimi formano due successioni crescenti.

2.- __Un sistema equivalente all'equazione di Liénard.-__
Notiamo che l'equazione   (1.1) equivale al sistema

$$(2.1) \qquad \frac{dP}{dt} = -\omega i \ , \ \frac{di}{dt} = \omega\left[P - F(i)\right],$$

e ove si supponga f(i) continua e __limitata__ in $(-\infty, +\infty)$
poichè i secondi membri nel sistema (2.1) sono uniformemente lipschitziani rispetto a P ed __i__ può applicarsi il
teorema di esistenza e di unicità quando t varia in
$(-\infty, \infty)$.
Nel seguito, salvo avvertenza contraria, supporremo
soltanto f(i) continua.

----

(3) Cfr. __G. SANSONE__:Sopra una classe di equazioni di
Liénard prive di integrali periodici; (8), 6 (1949),
156-160.

3.- <u>Limitazione inferiore di D. Graffi della distanza</u>
<u>fra due zeri consecutivi delle soluzioni della (1.1).-</u>
a) Se t' e t" sono due eventuali zeri consecutivi di un
integrale della (1.1) partendo dalla disuguaglianza

$$\int_{t'}^{t''}\left(\frac{di}{dt}\right)^2 dt \geq \frac{\pi^2}{(t''-t')^2}\int_{t'}^{t''} i^2 dt ,$$

moltiplicando la (1.1) per i e integrando fra t' e t"
si ricava la limitazione di Graffi

(3.1) $$|t''-t'| > \pi/\omega .$$

b) Valendosi di questa limitazione e con la sola condizione f(i) continua,

(3.2) $$f(i) \geq 0 \quad \text{per} \ |i| \geq \Delta > 0 \quad (\Delta \ \text{costante}),$$

si prova che gli integrali della (1.1) determinati dalle
condizioni iniziali

$$i(t_0) = i_0 \quad , \quad i'(t_0) = i'_0$$

esistono in (t_0, ∞).

4.- <u>Carattere oscillatorio degli integrali.-</u>
Se all'ipotesi (3.1) aggiungiamo l'altra

(4.1) $$f(i) \leq -\lambda < 0 \quad \text{per} \ |i| < \delta , \quad (\delta < \Delta)$$

questo è sufficiente per provare che tutti gli integrali della (1.1) hanno carattere oscillatorio, e l'ampiezza delle oscillazioni di i(t) [valore assoluto della differenza tra un massimo e un minimo consecutivi] non può
smorzarsi.

5.- <u>Esistenza di almeno un integrale periodico della</u>
   <u>(1.1).-</u>

a) L'equazione (1.1) ove si ponga $\dfrac{di}{dt} = \omega u$ equivale
al sistema

$$(5.1) \qquad \frac{du}{dt} = -\omega f(i)u - \omega i \;,\qquad \frac{di}{dt} = \omega u \;;$$

ciò conduce all'equazione delle <u>linee caratteristiche</u>
della (1.1)

$$(5.2) \qquad \frac{du}{di} = -f(i) - \frac{i}{u}$$

ed il piano (i,u) chiamasi il <u>piano fase</u> della (1.1).
Il punto i=0, u=0 è l'unico punto singolare di questa e-
quazione a distanza finita e la sola ipotesi della conti
nuità di f(i) non consente di applicare i teoremi di
equicomportamento di <u>Perron</u> ricordato precedentemente.
b) Ove si facciano le ipotesi:
i) f(i) <u>continua</u>;
ii) f(i)<0 per $\delta_{-1} < i < \delta_{1}$; $f(i) > 0$ per $i < \delta_{-1}$ o per $\delta_{1} < i$
$$(\delta_{-1} < 0, \quad \delta_{1} > 0) ;$$
iii) <u>se posto</u>

$$(5.3) \qquad F(i) = \int_{0}^{i} f(s)\,ds \;,\qquad F(\delta_{1}) + \left| F(\delta_{-1}) \right| = N,$$

<u>sia verificata una almeno delle seguenti condizioni</u>

$$(5.4.1) \quad \lim_{i \to \infty} F(i) = \infty \;;\quad (5.4.2)\quad \lim_{i \to -\infty} |F(i)| = \infty ;$$

$$(5.4.3) \quad \underline{\text{esiste un}}\ i_{0} > \delta_{1}\ \ \underline{\text{tale che}}\ \ 4Ni_{0} + 4N^{2} < \left[F(i_{0}) \cdot F(\delta_{1}) \right]^{2},$$

$$(5.4.4) \qquad\qquad \tau_{0} < \delta_{-1} \qquad\qquad 4N|i_{0}| + 4N^{2} < \left[F(i_{0}) - F(\delta_{-1}) \right]^{2},$$

<u>esiste allora almeno un ciclo chiuso dell'equazione</u>
(5.2), <u>e perciò l'equazione</u> (1.1) <u>ammette almeno un in-</u>
<u>tegrale periodico.</u>

<u>Cenno della dimostrazione.-</u>
Se $\delta = \min.\,(\,|\,\delta_{-1}\,|\,,\;\delta_1\,)$ si prova che se i (t) è un
integrale della (1.1) determinato dalle condizioni ini-
ziali

$$(6.5) \qquad i(t_0) = i_o \;\;,\;\; (0 < i_o < \delta)\,; \qquad i'(t_0) = 0,$$

esso è tale che indicando con t_1 il punto di massimo successivo di i(t) si ha

$$(5.6) \qquad i(t_1) > i(t_0)$$

Se nelle (5.5) si prende invece i_o sufficientemente
grande, ad es. il numero i_o che soddisfa la (5.4.3), si
prova allora che dovrà risultare

$$(5.7) \qquad i(t_1) < i(t_0)\,.$$

Notiamo che le (5.6) e (5.7) si conseguono
studiando la variazione della funzione

$$E(t) = \left(\frac{di}{dt}\right)^2 + \omega^2 i^2 \qquad \text{(energia associata al siste-}$$
$$\text{ma)}$$

lungo una curva integrale dell'equazione (1.1).
Dalle (5.6) e (5.7) e dal teorema di continuità degli
integrali dell'equazione (1.1) rispetto ai valori iniziali consegue con la semplice applicazione del teorema di Weierstrass l'esistenza di un valore i_o tale

che
$$ i(t_0) = i(t_1) > 0 \quad , \quad i'(t_0) = i'(t_1) = 0, $$

quindi l'esistenza di almeno una soluzione periodica dell'equazione (1.1) e perciò di almeno un ciclo chiuso per l'equazione (5.2).

c) Passando nel piano fase (i,w) è facile provare che tutte le caratteristiche dell'equazione (5.2) se non sono cicli hanno andamento a spirale (in dilatazione o in contrazione).

6.- <u>Criteri sufficienti per l'esistenza di una sola soluzione periodica.-</u>

a) <u>I° criterio.</u>

<u>Valgano le ipotesi i),ii) del n.5 b), sia</u> $\lim\limits_{i \to \infty} F(i)=\infty$, <u>oppure</u> $\lim\limits_{i \to -\infty} F(i)=-\infty$, <u>ed esista un numero positivo</u> Δ <u>tale che</u>

$$ F(-\Delta) = F(\Delta) = 0; $$

<u>in queste ipotesi esiste allora una sola soluzione periodica.</u>

La dimostrazione si sonsegue in questo modo. Si consideri il sistema (2.1) e la corrispondente equazione delle caratteristiche (6.1) $\dfrac{dP}{di} = \dfrac{i}{P-F(i)}$

E' immediato che ad una soluzione periodica della (1.1) corrisponde un ciclo chiuso della (6.1). Se consideriamo la distanza $\overline{OM}$ di punto M di una caratteristica

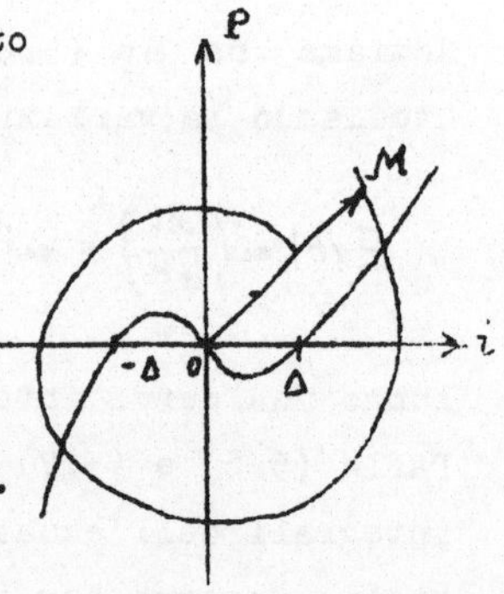

dall'origine 0, si trova

$$\tfrac{1}{2}\, d\,\overline{OM}^{\,2} = F(i)\,d\ell\,,$$

e lungo un ciclo Γ l'integrale curvilineo $\displaystyle\int_{\Gamma} F(i)\,dP$
deve risultar nullo.

Un adattamento di un ragionamento di <u>A.Liénard</u> per il
caso particolare che f(i) sia pari prova che se per un
ciclo Γ risulta $\displaystyle\int_{\Gamma} F(i)\,dP = 0$, in ogni altro caso qua<u>n</u>
do il punto M muovendosi su una caratteristica il raggio
$\overline{OM}$ gira di un angolo -2π descrivendo l'arco Γ' risulta $\displaystyle\int_{\Gamma'} F(i)\,dP \neq 0$, e perciò Γ' non può essere un ciclo

b)II° <u>criterio.</u>

<u>Supponiamo</u> i) f(i) <u>continua;</u>
ii) $f(i) < 0$ per $-\delta < i < \delta\,;$
iii) $f(i) > 0$ <u>per</u> $i < -\delta$, oppure $\delta < i\,;$

i) <u>Sia</u> $\displaystyle\int_{0}^{\infty} f(i)\,di = \infty$, <u>oppure</u>

$$\int_{-\infty}^{0} f(i)\,di = \infty\,;$$

<u>in queste ipotesi la</u> (1.1) <u>ammette un solo integrale</u>
<u>periodico.</u>

Si parta dall'equazione delle caratteristiche (5.2) e si
prenda un punto A_0 tale che $\overline{OA_0} = u_0 > 0$. Se indichiamo con A_1 il punto in cui l'arco di caratteristica Γ
uscentè da A_0 dopo un giro completo interseca l'asse delle
u positive e si pone

$$\Delta(u_0) = \tfrac{1}{2}\left(\overline{OA_1}^{\,2} - \overline{OA_0}^{\,2}\right) = -\int_{\Gamma} u(t)\,f\big[i(t)\big]\frac{di}{dt}\,dt$$

la funzione $\Delta(u_0)$ è derivabile rispetto ad u_0, e
se Γ è un ciclo deve risultare

$$\Delta(u_0) = 0\,,\quad \frac{d\,\Delta(u_0)}{d\,u_0} < 0\,,$$

e ciò è sufficiente a garantire l'unicità della soluzione periodica per l'equazione (1.1).

c) III° <u>criterio</u>.[4]

<u>Se nell'equazione</u> (1.1)

<u>w è una costante positiva</u>,

<u>ed</u> f(i) <u>è continua in</u>

$(-\infty, \infty)$, <u>e soddisfa le</u>

<u>seguenti condizioni</u>

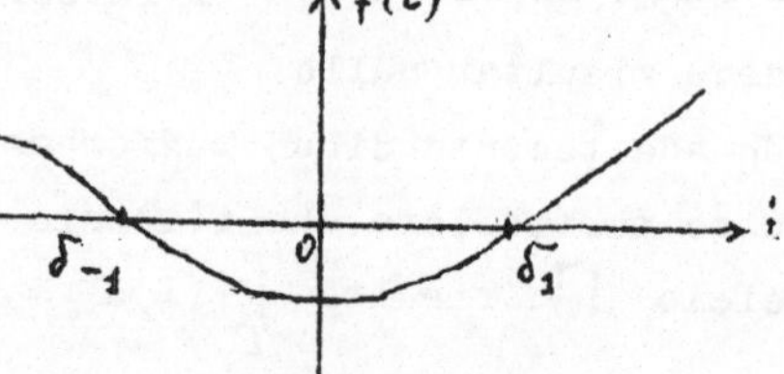

i) $f(i) < 0$ per $\delta_{-1} < i < \delta_1$, $\delta_{-1} < 0$, $\delta_1 > 0$;

ii) $f(i) > 0$ per $i < \delta_{-1}$, oppure $i > \delta_1$;

iii) $f(\delta_{-1}) = f(\delta_1) = 0$;

iv) $|f(i)| < 2$;

v) f(i) <u>non decrescente per i variabile da</u> $-\infty$ <u>a o e non</u>
<u>crescente per i variabile da</u> o <u>ad</u> ∞ ;

<u>allora l'equazione</u> (1.1) <u>ammette uno e un solo integrale</u>
<u>periodico</u>.

Se nella (5.2) poniamo

$$i = \rho \cos \vartheta \quad , \quad u = \rho \, \text{sen} \, \vartheta$$

otteniamo

$$\frac{d \log \rho}{d \vartheta} = \text{sen}^2 \vartheta \frac{f(\rho \cos \vartheta)}{1 + f(\rho \cos \vartheta) \cdot \text{sen} \vartheta \cos \vartheta}$$

e se $(\rho_0, \frac{\pi}{2})$ è un punto di una caratteristica, quando

----

(4) Cfr. <u>G. SANSONE</u>. Soluzioni periodiche dell'equazione
di <u>Liénard</u>. Calcolo del periodo; Rendc. Sem. Mat. Univ.
e Pol. Torino, 10 (1950-51), pp. 155-171.
In una nota in corso di stampa nel Bollettino dell'Unione
Matem. Ital. (1954) il Prof. <u>J.L. Massera</u> sopprime nel-
l'enunciato del teorema l'ipotesi $|f(i)| < 2$.

questo punto compie sulla stessa caratteristica attorno
all'origine un giro di -2π , detto con ϱ_1 il suo raggio
vettore si avrà

$$(6.2) \qquad \log \frac{\varrho_1}{\varrho_0} = \int_0^{-2\pi} \operatorname{sen}^2\vartheta \, \frac{f(\varrho\cos\vartheta)}{1 + f(\varrho\cos\vartheta)\cdot\operatorname{sen}\vartheta\cos\vartheta}\, d\vartheta ,$$

e se $z = r(\vartheta)$ è l'equazione dell'integrale periodico si
ha

$$(6.3) \qquad 0 = \int_0^{-2\pi} \operatorname{sen}^2\vartheta \, \frac{f(z\cos\vartheta)}{1 + f(z\cos\vartheta)\operatorname{sen}\vartheta\cos\vartheta}\, d\vartheta ,$$

e sottraendo dalla (6.2) la (6.3)

$$\log \frac{\varrho_1}{\varrho_0} = \int_0^{-2\pi} \operatorname{sen}^2\vartheta \, \frac{f[\varrho(\vartheta)\cos\vartheta] - f[z(\vartheta)\cos\vartheta]}{[1 + f(\varrho\cos\vartheta)\operatorname{sen}\vartheta\cos\vartheta][1 + f(z\cos\vartheta)\operatorname{sen}\vartheta\cos\vartheta]}\, d\vartheta$$

e l'ipotesi v. porta che questo integrale non è mai nul-
lo e perciò $\varrho_1 \neq \varrho_0$, ossia la (5.2) ammette un solo ciclo e l'equazione (1.1) un solo integrale periodico.

7.- Esistenza di soluzioni periodiche per f(i) avente discontinuità di prima specie.

a) Nell'equazione (1.1) sia ω una costante positiva,
f(i) sia definita in $(-\infty, \infty)$, continua in ogni intervallo finito, eccetto al più un numero finito di punti di
discontinuità di prima specie.
I punti di discontinuità di prima specie, appartenenti al-
l'asse i > 0 (i < 0) siano $c_1,\ldots,c_n,\ldots$ $[c_{-1},\ldots,c_{-n},\ldots]$,
$c_1 < c_2 < \ldots < c_n < \ldots$, $\lim c_n = \infty$; $c_{-1} > c_{-2} > \ldots > c_{-n} > \ldots$, $\lim_{n\to\infty} c_{-n} = -\infty$;

sia $f(i) < 0$ per $\delta_{-1} < i < \delta_1$, $(\delta_{-1} < 0,\ \delta_1 > 0)$ ed $f(i) > 0$ per $i < \delta_1$

oppure $i > \delta_1$, e sia verificata una almeno delle condizioni (5.4.1),...,(5.4.4).

In queste ipotesi fissato in un punto t_o i valori $i(t_o)$,
$i'(t_o)$ esiste una funzione $i(t)$ soddisfacente le condizioni:

1) $i(t)$ è continua insieme alla sua derivata prima in
$(-\infty, \infty)$, e con la derivata seconda finita in ogni punto
$\bar{t}$ dove $i(\bar{t}) \neq c_j$,(j= $\pm$ 1, $\pm$ 2,...) e soddisfa la (1.1).
2) Se $i(\bar{t}) = c_j$ e $i'(\bar{t}) \neq 0$ esistono $i''(\bar{t}_{+0})$,
$i''(\bar{t}-0)$ e se $f[i(\bar{t}+0)]$ e $f[i(\bar{t}-0)]$ indicano rispet-
tivamente i due limiti $\lim\limits_{t \to \bar{t}+0} f(i(t))$, $\lim\limits_{t \to \bar{t}-0} f(i(t))$ dovrà aversi

$$i''(t-0) + \omega f[i(\bar{t}-0)] i'(\bar{t}) + \omega^2 i(\bar{t}) = 0 ,$$

$$i''(t+0) + \omega f[i(\bar{t}+0)] i'(\bar{t}) + \omega^2 i(\bar{t}) = 0 ;$$

3) Se $i(\bar{t}) = c_j$ ed $i'(\bar{t}) = 0$ dovrà esistere $i''(t)$
e dovrà risultare $i''(\bar{t}) + \omega^2 i(\bar{t}) = 0$.

La dimostrazione del teorema si consegue come nel caso
continuo ragionando sul sistema (2.1.).

b) Con gli stessi ragionamenti del n. 6, si trova che la
(1.1) nelle ipotesi dichiarate ammette una soluzione periodica ed essa è unica nei seguenti casi:

i) $-\delta_{-1} = \delta_1$; ii) $\int_{-\Delta}^{0} f(i)di = \int_{0}^{\Delta} f(i)di = 0$;
iii) $f(i)$ soddisfa le condizioni del n.6c).

8.- _Teorema di confronto._

E' notevole, e serve come vedremo nel n. 9 del calcolo del
periodo, il seguente teorema di confronto.

Le funzioni $f_1(i)$, $f_2(i)$ _soddisfino le condizioni che abbia-_
mo imposto alla $f(i)$ _nel n. 7 a), e supponiamo che le_
equazioni

$$(8.11) \qquad \frac{d^2 i_1}{dt^2} + \omega f_1(i_1) \frac{di_1}{dt} + \omega^2 i_1 = 0 \,,$$

$$(8.1.2) \qquad \frac{d^2 i_2}{dt^2} + \omega f_2(i_2) \frac{di_2}{dt} + \omega^2 i_2 = 0 \,,$$

<u>ammettano ciascuna una sola soluzione periodica.</u>
<u>Se indichiamo con</u> Γ_1 <u>e</u> Γ_2 <u>i</u>
<u>corrispondenti cicli del piano</u>
<u>fase</u> (i,u) <u>delle rispettive e-</u>
<u>quazioni delle caratteristiche</u>

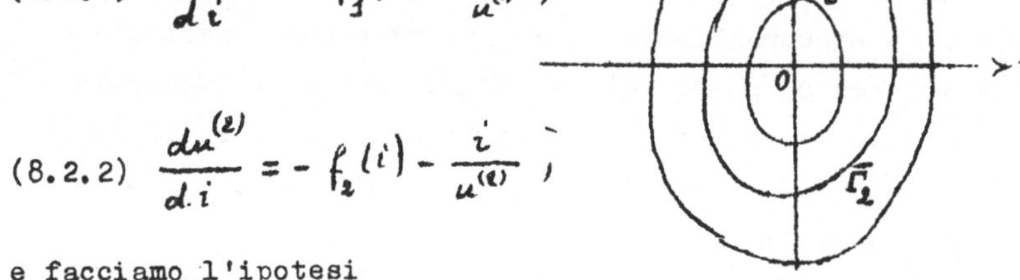

$$(8.2.1) \qquad \frac{du^{(1)}}{di} = -f_1(i) - \frac{i}{u^{(1)}} \,,$$

$$(8.2.2) \qquad \frac{du^{(2)}}{d.i} = -f_2(i) - \frac{i}{u^{(2)}} \,;$$

<u>e facciamo l'ipotesi</u>

$$(8.3) \qquad f_1(i) \leq f_2(i)$$

<u>allora il ciclo</u> Γ_1 <u>non ha punti interni a</u> Γ_2.
La dimostrazione è basata sulla considerazione dell'equazione

$$(8.4) \qquad \frac{d\left(u^{(1)} - u^{(2)}\right)}{di} - \frac{i}{u^{(1)} u^{(2)}}\left[u^{(1)} - u^{(2)}\right] = f_2(i) - f_1(i)$$

e perciò

$$u^{(1)}(i) - u^{(2)}(i) = e^{\int_0^i \frac{s}{u^{(1)}(s)u^{(2)}(s)} ds} \left\{ \int_0^i e^{-\int_0^s \frac{t\,dt}{u^{(1)}(t)u^{(2)}(t)}} \left[f_2(s) - f_1(s)\right] ds + C \right\}$$

9.- <u>Calcolo del periodo nel caso che la (1.1) ammetta
una sola soluzione periodica.</u>-
a) <u>Se f(i) soddisfa ad una delle condizioni del n.7 b) ed
f(i) è anche una funzione a scala, è facile costruire un
algoritmo per la valutazione del periodo.</u>
Usiamo le notazioni del n.7 a) e supponiamo

$$f(i) = f_\ell = \cos t. \quad \text{per } c_\ell \leqslant i < c_{\ell+1} , \left(\ell = 0, \pm 1, \ldots \right) ; c_0 = 0.$$

Per il n.5 è possibile fissare un numero $i_0 > 0$ tale che
per l'integrale della (1.1) soddisfacente le condizioni
iniziali $i(t_0) = i_0$, $i'(t_0) = 0$, il successivo massimo soddisfi la disuguaglianza $i_0 < i_\ell$, ed è pure possibile
determinare un numero $i_0^* > 0$ tale che per l'integrale
i(t) della (1.1) soddisfacente le condizioni iniziali
$i(t_0) = i_0^*$, $i'(t_0) = 0$ il successivo massimo i_ℓ soddisfi
la disuguaglianza $i_0^* > i_2^*$.
Poniamo $\overline{i}_0 = (i_0 + i_0^*)/2$ e sia i(t) l'integrale di
(1.1) soddisfacente le condizioni iniziali

$$(9.1) \qquad i(t_0) = \overline{i}_d \quad , \quad i'(t_0) = 0 .$$

Mediante il calcolo di intersezioni di linee che appartengono al piano (i,t) di equazioni

$$(9.2) \quad i = \ell_1 e^{\alpha t} + \ell_2 e^{\beta t} , \; i = \ell_1 e^{\alpha t}(t + \ell_2), \; i = \ell_1 e^{\alpha t} \operatorname{sen} \beta(t + \ell_2)$$

$(\alpha , \beta , \ell_1 , \ell_2$ costanti) con rette parallele al-
l'asse $\underline{t}$ è possibile determinare il primo massimo $\overline{i}_\ell$
che segue i_0 .
Infatti se i_0 appartiene all'intervallo (c_i , c_{i+1}),
$c_j < i_0 \leqslant c_{j+1}$, l'equazione (1.1) per i valori di i appartenenti a (c_j , c_{j+1}) può scriversi $i'' + \omega f_j i' + \omega^2 i = ($
ed il suo integrale, determinato dalle condi-

                                           G. Sansone

zioni iniziali (9.1) può essere scritto in una delle forme
(9.2), ed è quindi possibile determinare le sue intersezio
ni con la retta $i = c_j$.

Sia $t_1 > t_o$ l'ascissa di intersezione $> t_o$, e risulti ad
es. i'(t$_1$) = $\bar{i}'_1 < 0$; si consideri allora l'integrale del-
l'equazione $i'' + \omega f_{r-1} i' + \omega^2 i = 0$ soddisfacente le condizioni iniziali i(t$_1$) = c$_j$, i'(t$_1$) = i'$_1$, e continuando
il procedimento è possibile calcolare il massimo $\bar{i}_2$ del-
l'integrale della (1.1) determinato dalle condizioni iniziali (9.1) successivo ad $\bar{i}_o$ e calcolare il valore T
per il quale i(T) = i$_2$, i' (T) = 0.

Se $\bar{i}_2 = \bar{i}_o$ l'integrale periodico della (1.1) è determinato, se $\bar{i}_o < \bar{i}_2$ noi opereremo sui due numeri ($\bar{i}_o , \bar{i}_o^*$)
nello stesso modo come abbiamo operato sui due numeri
(i_o , i_o^*), mentre se $\bar{i}_o > \bar{i}_2$ cambieremo ($\bar{i}_o , i_o^*$) con
($i_o , \bar{i}_o$).

Questo procedimento consente di costruire due successioni
monotone aventi per limite comune l'ampiezza positiva della oscillazione periodica, ed è perciò possibile valutare
questa ampiezza e simultaneamente il periodo con un errore
minore di un numero positivo prefissato.

b) Il metodo descritto permette di determinare le caratteristiche chiuse dell'equazione (5.2) nel caso che f(i) soddisfi le condizioni dichiarate in a).

c) Supponiamo in fine che la (1.1) ammetta una sola soluzione periodica ed esistano due funzioni a scala che soddisfino le limitazioni

$$f_1(i) \leq f(i) \leq f_2(i) , \quad 0 \leq f_1(i) - f_2(i) < \varepsilon , \tag{5}$$

----

(5) Se f(i) è continua e limitata ciò è possibile per il teo
rema di Weierstrass. Cfr. ad es. G.SANSONE , Sviluppi in
serie di funzioni ortogonali, (3^a ed. 1952), p. 424.

● supponiamo ancora che $f_1 (i)$, $f_2 (i)$ soddisfino le condizioni del n.7 b).

Le equazioni

$$\frac{du}{di} = - f(i) - \frac{i'}{u} \; , \quad \frac{du_1}{di} = - f_1 (i) - \frac{i'}{u_1} \; , \quad \frac{du_2}{di} = - f_2 (i) - \frac{i'}{u_2}$$

ammettano rispettivamente le caratteristiche chiuse Γ, $\Gamma_1 (\varepsilon)$, $\Gamma_2 (\varepsilon)$; per il teorema di confronto del n.8 Γ è contenuta in $\Gamma_1 (\varepsilon)$ e contiene $\Gamma_2 (\varepsilon)$.

Per b) noi possiamo calcolare $\Gamma_1 (\varepsilon)$, $\Gamma_2 (\varepsilon)$ e se $\rho = \rho_1 (\vartheta, \varepsilon)$, $\rho = \rho_2 (\vartheta, \varepsilon)$ sono le rispettive equazioni in coordinate polari ρ , ϑ , e ponendo $d(\varepsilon) =$ $= \max \left[\rho_1 (\vartheta, \varepsilon) - \rho_2 (\vartheta, \varepsilon) \right]$ risulta $\lim_{\varepsilon \to 0} \delta(\varepsilon) \to 0$ noi otteniamo la determinazione di Γ .

CAP. III

<u>EQUAZIONI DELLE OSCILLAZIONI DI RILASSAMENTO E DEI MO-
TI OSCILLATORI SMORZATI O FORZATI.   SOLUZIONI PERIODI-
CHE.   TEOREMI DI T. YOSHIZAWA</u>.

1.- <u>Alcuni richiami bibliografici</u>.-

In una comunicazione che io ebbi l'onore di leggere al
Quarto Congresso dell'Unione Matematica Italiana[1] nel
1951, io richiamai alcune ricerche sulle equazioni delle
oscillazioni di rilassamento e sui moti oscillatori smorzati o forzati principalmente per quel che riguarda l'esistenza di soluzioni periodiche, e diedi in proposito ampie
notizie bibliografiche, cosìcchè mi limiterò ora a qualche
semplice richiamo e a ricordare alcune ricerche posteriori
al 1951.

<u>A. Signorini</u> nello studio del rollio del bastimento per-
venne all'equazione

$$(1.1) \qquad \ddot{x} + f(\dot{x}) + x = e(t) \qquad \left(\dot{x} = \frac{dx}{dt} , \; \ddot{x} = \frac{d^2 x}{dt^2} \right),$$

e <u>R. Caccioppoli</u> e <u>A. Ghizzetti</u>[2] provarono che nel caso
di $f(\dot{x})$ crescente e dotata di derivata prima continua, e(t)
continua, periodica col minimo periodo ω ($\omega > 0$), se esiste
un integrale stabile esiste anche <u>un solo integrale perio-
dico</u>, di periodo ω , e tutti gli altri integrali della
(7.1) sono stabili e asintotici di quello periodico.

<u>N. Levinson</u>[3] nel 1943 studiò l'equazione:

----

(1) <u>G.SANSONE</u>: Le equazioni delle oscillazioni non lineari.
Risultati analitici, Atti del Quarto Congresso dell'Unione
Mat.Italiana (Roma 1953) Vol.I, 186-217.

(2)<u>R.CACCIOPPOLI</u> e <u>A. GHIZZETTI</u>: Ricerche asintotiche per
una particolare equazione differenziale non lineare; Atti
Acc.d'Italia,(7), 3 (1942), 427-440.

(3)<u>N.LEVINSON</u>: On a non linear differential equation of the
second order, Journ.of Math. and Phys.,22(1943), 181-187.

$$(1.2) \qquad \ddot{x} + f(x)\, \dot{x} + x = e(t)$$

con f(x) continua, salvo un numero finito di punti di
discontinuità di prima specie ed e(t) periodica, col periodo ω , e provò i seguenti teoremi:

1°) Se f(x) $\geqslant$ 0, e $\int^{\infty} f(x)\, dx = \infty$ oppure $\int_{-\infty} f(x)\, dx = \infty$,
allora la (1.2) ha una sola soluzione periodica, di perio-
do ω , ed ogni altra soluzione è ad essa asintotica;

2°) Se f(x) $>$ 0, e la (1.2) possiede una soluzione periodica, allora questa ha il minimo periodo ω , e ogni altra
soluzione è ad essa asintotica.

Dello stesso anno è uno studio di S. Lefschetz[4] relativo
alle soluzioni periodiche dell'equazione

$$(1.3) \qquad \ddot{x} + f'(x)\, \dot{x} + g(x) = e(t)$$

dove e(t), f'(x), g(x) esistono per tutti i valori di t
ed x, g(x)/x $\to \infty$ con $|x|$, ed esistono due costanti po-
sitive b e B tali che

$$\left| f(x) - b \cdot g(x) \right| \leq B |x| \; .$$

In luogo della (1.2), sempre nel 1943, N. Levinson[5] con-
siderò l'equazione più generale

$$(1.4) \qquad \ddot{x} + f(x, \dot{x})\, \dot{x} + g(x) = e(t)$$

nella quale e(t), g(x), f(x,$\dot{x}$) sono definite per qualunque

----

(4)S.LEFSCHETZ: Existence of periodic solutions for certain
differential equations, Proc. Nat. Acad. Sci. U.S.A., 29
(1943), 29-32.

(5)N.LEVINSON: On the existence of periodic solutions for
second order differential equations with a forcing term;
Journ. of Math. and Phys., 22 (1943), 41-48; Cfr. anche
C.E. LANGENHOP, Note on Levinson's Existence theorem for
forced periodic solutions of a second order differential
equation; Journ.ofMath.and Phys.,30(1951), 36-39.

valore dei loro argomenti e derivabili, e(t) periodica dol
periodo ω , e dimostrò l'esistenza di <u>almeno una soluzione periodica</u> nelle seguenti ipotesi:

i) $f(x, \dot{x}) > m > 0$ $\not{e}$ $|x| > a$, $|\dot{x}| > a$;

ii) $f(x, \dot{x}) > - M$ $(M > 0)$, ovunque ;

iii) $\lim\limits_{|x| \to \infty} |y(x)| = \infty$; $x\, g(x) > 0$ per $|x| > 0$;

iv) posto $G(x) = \int_0^x g(x)\, dx$ risulta $\lim\limits_{x \to \infty} g(x) / G(x) = 0$,
oppure $\overline{\lim\limits_{x \to \infty}} \, g(x)/x = \infty$.

Nel 1947 <u>M.L.Cartwright</u> ed <u>J.E.Littlewood</u>[6] considerarono
l'equazione

$$(1.5) \qquad \ddot{x} + k f(x)\, \dot{x} + g(x, k) = e_1(t) + k\, e_2(t)$$

con f(x) $\geqslant$ 1 per $|x| \geqslant a > 0$, f(x), g(x,k), e$_1$(t), e$_2$(t) con-
tinue per qualunque valore dei loro argomenti, e$_1$(t), e$_2$(t)
funzioni periodiche di periodo minimo ω , e di valor medio nullo, e sotto opportune condizioni hanno provato
l'esistenza di una costante positiva k$_0$ tale che per k > k$_0$
la (1.5) ammette <u>un solo integrale di periodo</u> ω cui sono
asintotici tutti gli altri integrali.

G.E.H.Renter[7] nel 1951 studiò l'equazione

$$(1.6) \qquad \ddot{x} + k f(x)\, \dot{x} + g(x) = k\, e(t)$$

con k sostante positiva, f(x),g(x), e(t) continue, e(t)
di periodo ω ,

----

(6) <u>M.L. CARTWRIGHT</u>, <u>J.E.LITTLEWOOD</u>, a) On a linear dif-
ferential equations of the second order $\ddot{y} + k f(y)\, \dot{y} + g(y, k) = f_1(t) + k\, f_2(t), k > 0, f(y) \geqslant 1$; Ann. of Math. 48(1947),
472-494; b) Addentum on non linear differential equations
of the second order, 50(1949),504-505.

(7) <u>G.E.H.RENTER</u>: On certain non linear equations with
almost periodic solutions, The Journ. of the London Math.
Soc. 26(1951), 215-221.

Posto

$$F(x) = \int_0^x f(s)\,ds, \qquad G(x) = \int_0^x g(s)\,ds,$$

e supposto

$$f(x) > 0 \qquad \lim_{|x|\to\infty} F(x)\,\mathrm{sgn}\,x = \infty,$$

$$x\,g(x) > 0 \quad \text{per } x > 0, \quad \lim_{|x|\to\infty} G(x) = \infty, \quad \int_0^\omega e(t)\,dt = 0,$$

nell'ipotesi che esistano g'(x), g"(x), e g"(x) soddisfi
un'opportuna limitazione, questo A. dimostrò che esiste un
$k_0 > 0$ tale che per $k \geqslant k_0$ la (1.6) ammette una soluzio‐
ne periodica di periodo ω e <u>una soltanto</u> cui sono asin‐
totiche tutte le altre soluzioni.
Recentemente <u>S.Mizohata</u> ed <u>M. Yamaguti</u>[8] hanno dimostra‐
to che se nell'equazione

$$(1.7) \qquad \ddot{x} + f(x)\dot{x} + g(x) = e(t)$$

f(x), g(x), g'(x), e(t) sono continue, e(t) è periodica
di periodo ω, e se

$$\lim_{x\to+\infty} \int_0^x f(x)\,dx = \infty, \qquad \lim_{x\to-\infty} \int_0^x f(x)\,dx = -\infty,$$

$$x\,g(x) \geqslant 0 \quad \text{per } |x| \geqslant q > 0 \ (q = \text{cost.}), \quad \int_0^\omega e(t)\,dt = 0,$$

allora la (1.7) possiede almeno una soluzione di periodo ω.
Terminiamo questi richiami ricordando ancora il seguen‐

---

(8) <u>S.MIZOHATA-M.YAMAGUTI</u>: On the Existence of Periodic
Solutions of the Non-Linear Differential Equation
$\ddot{x} + a(x)\dot{x} + \varphi(x) = p(t)$, Mem. of the Coll. of Sc., Un.
of Kyoto, S.A. 27(1952), 109-113. Su questo lavoro ri‐
ferisce in dettaglio il Prof. D.GRAFFI in una delle sue
conferenze.

te teorema di <u>G.E.H.Renter</u>[9] se nell'equazione

$$(1.8) \qquad \ddot{x} + f(\dot{x}) + g(x) = e(t)$$

f(y),g(x),e(t) sono funzioni continue dei loro argomenti;
se $\lim_{|y| \to \infty} f(y)\cdot \text{sgn}\, y \neq \infty$, $\lim_{|x| \to \infty} g(x)\, \text{sgn}\, x = \infty$, ed
e(t) ha il periodo ω, esiste <u>almeno</u> una soluzione della
(1.8) di periodo ω.

2.- <u>Il teorema di esistenza di una soluzione periodica</u>
<u>dedotto con metodi topologici</u>
a) Le equazioni considerate nel n.1 si riconducono al
sistema (non autonomo)

$$(2.1) \qquad \frac{dx}{dt} = f(x,y;t) \; , \qquad \frac{dy}{dt} = g(x,y;t) \; ,$$

con f(x,y;t), g(x,y;t) definite per $|x| < \infty$, $|y| < \infty$,
$0 < t$, continue, periodiche rispetto a t di periodo
ω, e per giungere alla dimostrazione dell'esistenza di
almeno una soluzione periodica si procede nel seguente
modo.
Supponiamo che per il sistema (1) e più in generale per
　sistema

$$(2.2) \qquad \frac{dx_i}{dt} = f_i(x_1, x_2, \ldots, x_m; t) \qquad (i = 1, 2, \ldots, m)$$

----

(9) <u>G.E.H.RENTER</u>: Boundedness Theorems for non-linear
differential equations of the second order; The Journ.
of the London Math. Soc. 27 (1952), 48-58.

dove $(x_1, x_2, \ldots, x_m)$ è un punto dello spazio euclideo S_m ad m dimensioni, t varti in $(0, \infty)$, $f_i(x_1, x_2, \ldots, x_m; t)$ siano continue, $f_i(x_1, x_2, \ldots, x_m; t+\omega) = f_i(x_1, x_2, \ldots, x_m; t)$, e valga pure un teorema di unicità per il problema di Cauchy. Esista inoltre un dominio D di S_m e un $t_0 \geqslant 0$ tali che se $(x_1^o, x_2^o, \ldots, x_m^o)$ appartiene a D l'integrale $(x_1(t), x_2(t) \ldots \ldots, x_m(t))$ del sistema (2.2) che soddisfa la condizione iniziale $x_i(t_0) = x_i^o (i=1,2,\ldots,m)$ sia definito per qualsiasi $t \geqslant t_0$.

Consideriamo la trasformazione $\mathcal{T}$ che ad ogni punto $(x_1(t_0), x_2(t_0), \ldots, x_m(t_0))$ di $\mathcal{D}$ associa il punto $(x_1(t_0 + \omega), x_2(t_0 + \omega), \ldots, x_m(t_0 + \omega))$.

La $\mathcal{T}$ è una trasformazione bicontinua (1,1) e se esiste un dominio D_0 appartenente a D che per $\mathcal{T}$ è trasformato in sè stesso σ in una sua parte per il teorema di Brouwer [10] esiste almeno un punto unito (fisso, invariante) nella trasformazione $\mathcal{T}$, ossia almeno un integrale del sistema (2.2) che soddisfa le condizioni.

$$x_j(t_0) = x_j(t_0 + \omega) \qquad \left(j = 1, 2, \ldots, m\right)$$

o ciò che è lo stesso il sistema (2.2) ammette almeno un integrale periodico, di periodo ω [ω non è necessariamente il minimo periodo].

Avvertiamo che nelle applicazioni si procede varie volte in questo modo: Si costruisce un dominio D_0 di S_m, omeomorfo ad una sfera di S_n, tale che se $x_1(t), x_2(t), \ldots, x_n(t)$ è

---

(10) Per il teorema di Brouwer cfr. ad es. a) C.MIRANDA: Problemi di esistenza in analisi funzionale, Quad.Mat. Scuola Norm. Sup. Pisa, 3, (1948-49), p. 138; b) F.SEVERI; G.SCORZA DRAGONI, Lezioni di Analisi,Vol. 3°,(Bologna 1951), p. 136; c) C.KURATOWSKI , Topologie, I, (3° ed., Warszawa, 1952), p.196.

un sistema di integrali del sistema (2.2) che per $t=t_0$
parte da un punto della frontiera $\mathcal{F}D_0$ di D_0, il punto
$(x_1(t), x_2(t),\ldots, x_n(t))$ per $t > t_0$ è interno a D_0, in
altre parole la $\mathcal{F}D_0$ ha la proprietà di __catturare__ le curve
integrali del sistema (2.2), e ne viene allora l'esisten-
za di un punto unito per la trasformazione $\mathcal{C}$.
b) __J.L.Massera__[11] ha dato il seguente teorema che permette per m=1, m=2, in alcuni casi di provare l'esistenza
di una soluzione periodica.
Si consideri il sistema

$$(2.3) \qquad \frac{dx}{dt} = X(x,t)$$

dove x, X sono vettori dello spazio euclideo ad m dimensio
ni ed X è una funzione periodica di t, di periodo ω e
per esso valga il teorema di esistenza, e di unicità.
i) Se m=1 l'esistenza di una soluzione che è __limitata nel__
__futuro__, esistente cioè per $o \leqslant t < \infty$, implica l'esistenza
di una soluzione periodica di periodo ω;
ii) Se m=2, l'esistenza di una soluzione limitata non è
sufficiente per l'esistenza di una soluzione periodica di
periodo ω, ma ciò ha luogo se tutte le soluzioni del
sistema (2.3) esistono nel futuro.
iii) Se $m \geqslant 3$, l'esistenza di una soluzione limitata è
l'esistenza di tutte le soluzioni nel futuro non è sufficiente per l'esistenza di soluzioni periodiche.

----

(11) __J.L.MASSERA:__ a) On the existence of periodic solutions
of differential equations, Bulletin of the Am. Math. Soc.,
54 (1948), p.636; b) The Existence of periodic solutions of
systems of differential equations; Duke Math. Journ.,
17(1950), 457-475.

Noi faremo un'applicazione del teorema di <u>Massera</u> nel N.
b).

c) Pure nelle applicazioni, e noi lo vedremo, nel n.3,e), [12]
è utile nél caso m=2 il seguente teorema di M.L.<u>CATWRIGH</u>.
Sia $\mathcal{C}$ una trasformazione continua (1,1) del piano in sé
stesso, sia D_0 un dominio fisso, D un dominio contenento
D_0 e limitato da una curva di <u>Jordan</u> Γ; Supponiamo che
se P è un punto di $\overline{D}$ (=D+ $\mathcal{F}$D) ogni $\mathcal{C}^n$(P) appartenga a
D_0 quando l'esponente (intero positivo) <u>n</u> soddisfa la li
mitazione $n > n_0$(P). In queste ipotesi esiste un dominio
Δ dipendente da D avente le seguenti proprietà:
i) Δ è limitato da una curva chiusa di <u>Jordan</u>;
ii) Δ contiene D;
iii) $\mathcal{C}(\overline{\Delta})$ è contenuto in $\overline{\Delta}$;

cosicchè in virtù del ricordato teorema di <u>Brouwer</u> $\overline{\Delta}$
contiene almenò un punto unito della trasformazione $\mathcal{C}$

3.- <u>Criterio di definitiva</u> (uniforme) <u>limitatézza di</u>
    <u>T. Yoshizawa, ed ésistenza di soluzioni periodiche.</u>
a) Su questo numero e nel seguente studieremo i sistemi

$$(3.1) \quad \frac{dx}{dt} = f(x,y;t) \quad , \quad \frac{dy}{dt} = g(x,y;t)$$

con f(x,y;t), g(x,y;t) <u>continue in</u> Δ_1

$$\Delta_1 : \quad 0 < t < \infty, \quad -\infty < x < \infty, \quad -\infty < y < \infty,$$

----

(12) <u>M.L. CARTWRIGHT</u>: Forced oscillations in non linear
systems; in Contributions to the theory of nonlinear oscil
lations, edited by <u>S. LEFSCHETZ</u> (Princeton, 1950),
(149-241), 174.

riportando alcuni risultati di T.Yoshizawa[13].

b) <u>Lemma 1.</u>, <u>Siano</u> A_1 <u>e</u> B_1 <u>due costanti positive ed</u> R_1 <u>il</u>
<u>dominio</u>

$$R_1 : \quad |x| < A_1 \; , \; |y| < B_1 \; .$$

<u>Esista una funzione</u> $\phi(x,y)$ <u>continua nel dominio comple-</u>
<u>mentare di</u> R_1, <u>che indicheremo con</u> CR_1, <u>soddisfacente le</u>
<u>seguenti condizioni:</u>

1. <u>Sia</u> $\phi(x,y) > 0$;

2. i) <u>Sia</u> $\displaystyle\lim_{|x| \to \infty} \phi(x,y) = 0$, <u>uniformemente rispetto ad</u> x;

   ii) <u>Sia</u> $\displaystyle\lim_{|y| \to \infty} \phi(x,y) = 0$, <u>uniformemente rispetto ad</u> y;

3. <u>La funzione</u> $\phi(x,y)$ <u>soddisfa localmente una condizio-</u>
<u>ne di Lipschitz;</u>

4. <u>Se</u> $o \leqslant t < \infty$ $\quad$ e(x,y) <u>appartiene ad un dominio limitato</u>
<u>interno a</u> $C\,R_1$, <u>esista in corrispondenza un numero posi-</u>
<u>tivo</u> ε <u>tale che</u>

$$(3.2) \qquad \lim_{h \to 0} \frac{1}{h} \left\{ \phi\Big(x + h\,f(x,y;t),\, y + h\,g(x,y;t)\Big) - \phi(x,y) \right\} \geqslant \varepsilon$$

<u>Vogliamo dimostrare che fissata una coppia di numeri po-</u>
<u>sitivi</u> α <u>e</u> β , <u>esistono in corrispondenza due costanti</u>
<u>positive</u> $L(\alpha,\beta)$, $M(\alpha,\beta)$, <u>dipendenti unicamente da</u>
α <u>e</u> β, <u>tali che se un sistema di integrali</u> x(t),y(t) <u>del</u>
<u>sistema</u> (3.1) <u>soddisfa in un punto</u> t_0 ($\geqslant 0$) <u>le limitazio-</u>
<u>ni</u>

$$|x(t_0)| < \alpha \, , \qquad |y(t_0)| < \beta$$

----

(13)<u>T.YOSHIZAWA:</u>a) On the nonlinear differential equation
Mem. of the Coll. of Sc., Un. of Kyoto,S.A.,28(1953), Math.
n.2, 133-141; b) On the convergence of solutions of the
nonlinear differential equation,ibid.,143-151; c) Note on
the existence theorem of a periodic solution of the non
linear differential equation, ibid, 153-157;d) Note on
the boundedness of solutions of a system of differential
equations, ibid., 293-298.

<u>si ha allora per qualunque valore di</u> $t \geqslant t_o$

$$(3.3) \qquad |x(t)| < L(\alpha, \beta) \ , \qquad |y(t)| < M(x, \beta) .$$

<u>Dimostrazione</u>. Senza ledere le generalità possiamo supporre $\alpha > A_1, \beta > B_1$. Sia R_o il dominio (aperto) rettangolare

$$R_o : \ |x| < \alpha \ , \quad |y| < \beta \ ,$$

e conformemente alle ipotesi 1 e 2 determiniamo due numeri positivi $L_1(>\alpha)$, $M_1(>\beta)$ tali che il dominio rettangolare R_1^*

$$R_1^* \quad |x| < L_1 \ , \quad |y| < M_1$$

risulti

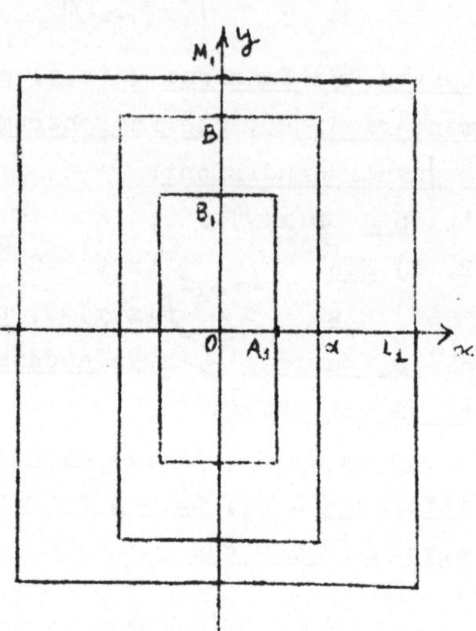

$$(3.4) \qquad \min_{\mathcal{F}R_o} \phi(x,y) > \max_{\mathcal{F}R_1^*} \phi(x,y)$$

e dimostriamo che è $L(\alpha, \beta) = L_1, M(\alpha, \beta) = M_1$. Supponiamo per assurdo che esista una soluzione $x = x(t), y = y(t)$ del sistema (3.1) che soddisfa la condizione $(x(t_o), y(t_o)) \in R_o$ e per un $t > t_o$ risulti $(x(t), y(t))$ su $\mathcal{F}R_1^*$.

Se t_1 è l'estremo superiore dei valori di $\bar{t}$ tali che $(x(t), y(t))$ appartiene ad R_o per $t_o \leqslant t \leqslant \bar{t}$, si avrà

$$\left(x(t_1), y(t_1)\right) \in \mathcal{F}R_o$$

e se t_2 è l'estremo inferiore dei valori di $t > t_o$ per i quali $(x(t), y(t))$ appartiene a $\mathcal{F}R_1^*$, si ha

$$\left(x(t_2), y(t_2)\right) \in \mathcal{F}R_1^*$$

e ancora

$$\big(x(t), y(t)\big) \in R_1^3 - \overline{R}_0 \qquad \text{per } t_1 < t < t_2 .$$

La funzione $\phi(x(t), y(t))$, quando $t_1 \leq t \leq t_2$ è una funzione crescente di t.

Si ha infatti per $h > 0$ e, $t, t+h$ appartenente a $\overline{t_1, t_2}$, e indicando con L la costante di $\underline{\text{Lipschitz}}$ relativa al punto $(x(t), y(t))$:

$$\phi\big[x(t+h), y(t+h)\big] - \phi\big(x(t), y(t)\big) =$$

$$= \left\{ \phi\left[x(t) + \int_t^{t+h} f(x(\xi), y(\xi); \xi)\, d\xi,\; y(t) + \int_t^{t+h} g(x(\xi), y(\xi); \xi)\, d\xi \right] - \right.$$

$$\left. - \phi\big[x(t) + h\, f(x(t), y(t); t),\; y(t) + h\, g(x(t), y(t); t)\big] \right\} +$$

$$+ \phi\big[x(t) + h\, f(x(t), y(t); t),\; y(t) + h\, g(x(t), y(t); t)\big] - \phi\big(x(t), y(t)\big) >$$

$$> \varepsilon h - L \left\{ \left| \int_t^{t+h} f(x(\xi), y(\xi); \xi)\, d\xi - h\, f(x(t), y(t); t) \right| + \left| \int_t^{t+h} g(x(\xi), y(\xi); \xi)\, d\xi - h\, g(x(t), y(t); t) \right| \right\}$$

e poichè per h sufficientemente piccolo può supporsi

$$\left| \int_t^{t+h} f(x(\xi), y(\xi); \xi)\, d\xi - h\, f(x(t), y(t); t) \right| < h\, \frac{\varepsilon}{4L} ,$$

$$\left| \int_t^{t+h} g(x(\xi), y(\xi); \xi)\, d\xi - h\, g(x(t), y(t); t) \right| < h\, \frac{\varepsilon}{4L} ,$$

risulta

$$\phi\big[x(t+h), y(t+h)\big] > \phi\big[x(t), y(t)\big] + h\, \varepsilon/2 ,$$

e perciò

$$\phi\big[x(t_1), y(t_1)\big] < \phi\big[x(t_2), y(t_2)\big]$$

e ciò è contro la (3.4).

c) $\underline{\text{Lemma 2.}}$ $\underline{\text{Ferme restando le ipotesi del lemma 1 siano}}$ $\underline{A_2, B_2}$ $\underline{\text{due costanti positive arbitrarie con}}$ $A_2 > A_1$, $B_2 > B_1$ $\underline{\text{e si consideri il dominio rettangolare:}}$

$$R_2 : \quad |x| < A_2 \quad , \quad |y| < B_2 .$$

<u>Vogliamo dimostrare che se</u> $x=x(t)$, $y=y(t)$
<u>à una soluzione del sistema</u> (1), <u>e</u>
<u>se</u> $(x(t_0),y(t_0)) \in \bar{R}_2 - \bar{R}_1$, $(t_0 > 0$,
t_0 <u>fisso</u>), <u>esiste allora una</u>
<u>qualche</u> $t > t_0$ <u>tale che</u>

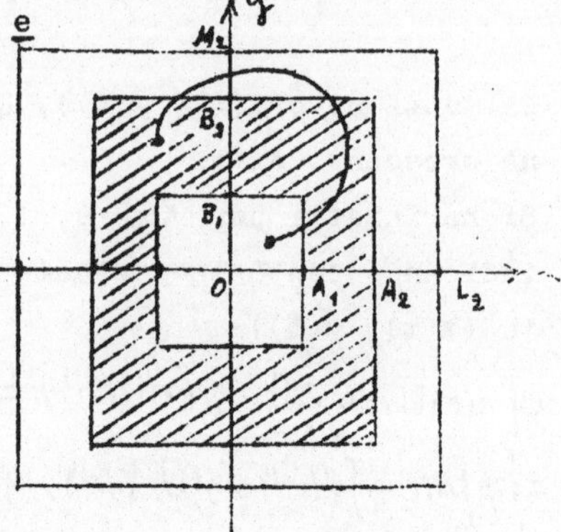

$$\Big(x(t), y(t) \Big) \in \bar{R}_1 \, .$$

<u>Dimostrazione</u>. In virtù del
lemma 1 per le soluzioni del
sistema (3.1) soddisfacienti per
un valore t_0 di t la condizione
$(x(t), y(t_0)) \in \bar{R}_2$, esistono due costanti positive L_2 ed
M_2 indipendenti dalla particolare soluzione considerata,
tali che

$$\big| x(t) \big| < L_2 \, , \quad \big| y(t) \big| < M_2 \, , \quad \text{per } t \geqslant t_0 \, , \quad (L_2 > A_2 \, , \, M_2 > B_2)$$

Sia R_2^* il dominio rettangolare

$$R_2^* : \quad |x| < L_2 \, , \quad |y| < M_2 \, ,$$

e consideriamo la funzione

$$\phi(x,y) e^{-Nt} \, , \quad (N > 0) \, ,$$

(dove N è una costante positiva che fisseremo tra poco) quan<u>n</u>
do $(x,y) \in \bar{R}_2^* - R_1$ e $t \geqslant t_0$, e sia

$$\Delta_3 \qquad t_0 \leqslant t < \infty \, , \quad (x,y) \in \bar{R}_2^* - R_1 \, .$$

Si ha:
1) $\phi(x,y) e^{-Nt}$ è continua in Δ_3 ;
2) $\lim\limits_{t \to \infty} \phi(x,y) e^{-Nt} = 0$, uniformemente per (x,y) in $\bar{R}_2^* - R_1$.
3) Se i punti (x,y,t), (x',y',t) sono in Δ_3 è

$$\left| \phi(x,y)e^{-Nt} - \phi(x',y')e^{-Nt} \right| = e^{-Nt}\left| \phi(x,y) - \phi(x',y') \right| \leq$$

$$(3.5) \qquad \leq L\left[|x-x'| + |y-y'| \right] ,$$

con L costante positiva, e perciò $\phi(x,y)e^{-Nt}$ soddisfa
la condizione di <u>Lipschitz</u>, rispetto alla coppia (x,y).
4) Con trasformazioni evidenti, tenuto conto della (3.2)
risulta

$$\lim_{h \to 0} \frac{1}{h}\left[e^{-N(t+h)}\phi(x+hf, y+hg) - e^{-Nt}\phi(x,y) \right] =$$

$$= \lim_{h \to 0} \frac{1}{h}\left[e^{-N(t+h)}\{\phi(x+hf,y+hg) - \phi(x,y)\} + \phi(x,y)\{e^{-N(t+h)} - e^{-Nt}\} \right] =$$

$$= \lim_{h \to 0} \left[\frac{1}{h} e^{-N(t+h)}\{\phi(x+hf,y+hg) - \phi(x,y)\} - \phi(x,y)\frac{e^{Nh}-1}{h} e^{-N(t+h)} \right] \geq$$

$$\geq e^{-Nt}\lim_{h \to 0} \frac{1}{h}\{\phi(x+hf, y+hg) - \phi(x,y)\} - e^{-Nt}N\phi(x,y) \geq$$

$$\geq e^{-Nt}\{\varepsilon - N\phi(x,y)\} ,$$

ed essendo $\phi(x,y)$ positiva e continua in $\bar{R}_2^{*}-R_1$ <u>potre-
mo scegliere</u> N sufficientemente piccolo in modo che risul
ti in Δ_3

$$\frac{1}{h}\left[e^{-N(t+h)}\phi(x+hf, y+hg) - e^{-Nt}\phi(x,y) \right] > 0$$

e tenuto conto della (3.4) e ragionando come nel lemma 1
si ha che la funzione $\phi(x,y) \cdot e^{-Nt}$ è una funzione non
decrescente di t lungo una soluzione del sistema (3.1).
Supponiamo ora per assurdo che esista una soluzione
x(t),y(t) del sistema (3.1) tale che $(x(t_0),y(t_0)) \in \bar{R}_2 - \bar{R}_1$
e non esista alcun $t > t_0$ per il quale $(x(t),y(t)) \in \bar{R}_1$.
Se per questa soluzione consideriamo la funzione $e^{-Nt} \cdot$
$\cdot \phi(x(t),y(t))$, essa per quanto abbiamo dimostrato è una
funzione non decrescente di t, mentre per 2) esiste un T
tale che

$$\min_{(x,y) \in \bar{R}_2 - R_1} \phi(x,y)e^{-Nt_3} > \max_{(x,y) \in \bar{R}_2 - R_1} \phi(x,y)e^{-NT}$$

e siamo caduti in assurdo.

d) Dai due lemmi dimostrati segue il seguente teorema
di T.Yoshizawa di definitiva limitatezza.

TEOREMA 1: Se dato il sistema (3.1) <u>tutte le ipotesi del</u>
<u>lemma 1 sono verificate</u>, <u>allora tutte le soluzioni del</u>
<u>sistema (1) sono definitivamente limitate</u>, ossia esistono
due costanti positive A e B, indipendenti dalla particolare soluzione considerata tali che se x(t), y(t) è una
qualsiasi soluzione del sistema (3.1) che soddisfa le condi
zioni

$$x(t_0) = x_0 \quad , \quad y(t_0) = y_0 \,,$$

essendo (x_0,y_0) un punto arbitrario del piano (x,y), esiste
un T_0 ($T_0 \geqslant t_0$) tale che

$$(3.6) \qquad |x(t)| < A \quad , \quad |y(t)| < B \,,$$

per $t \geqslant T_0$.

<u>Dimostrazione.</u> Se consideriamo una soluzione del sistema
(3.1) corrispondente ad un punto (x_0,y_0) appartenente ad
$\bar{R}_1$, per il lemma 1 esistono due costanti positive A e B
(indipendenti dalla particolare soluzione considerata) tali
che $|x(t)| < A$, $|y(t)| < B$ qualunque sia t.
Per ogni altra soluzione uscente da un punto $(x_0, y_0) \in C\bar{R}_1$
(essendo nel lemma 2 le costanti A_2 e B_2 arbitrarie) esiste
un valore T_0 tale che per $t \geqslant T_0$ risulti $\left(x(T_0), y(T_0)\right) \in \bar{R}_1$
e perciò per $t \geqslant T_0$ si avrà $|x(t)| < A$, $|y(t)| < B$, e il
teorema è dimostrato.

e) Il teorema precedente e il teorema di <u>M.L.Cartiwright</u>
ricordato nel n.2c) conducono al seguente teorema di
esistenza di soluzioni periodiche.

TEOREMA 2.: Nel sistema (3.1) valga il teorema di unicità per il problema di Cauchy, siano soddisfatte tutte le
condizioni del lemma 1, e sia ω un numero posìtivo tale
che

$$f(x,y;t+\omega) = f(x,y;t) \ , \quad g(x,y,t+\omega) = g(x,y;t) \ ;$$

il sistema (3.1) ammette allora almeno una soluzione perio
dica di periodo ω .

Dimostrazione. Consideriamo infatti la trasformazione τ
del piano x,y in sé stesso ottenuto colla seguente legge:
fissato il punto (x_0,y_0) si consideri la soluzione
$x=x(t)$, $y=y(t)$ che soddisfa le condisioni iniziali
$x(0)=x_0$, $y(0)=y_0$, e al punto (x_0,y_0) si faccia corrispon
dere per τ il punto (x_1,y_1) con $x(\omega)=x_1$, $y(\omega)=y_1$.
In virtù del lemma 2 la trasformazione τ gode le proprietà necessarie per applicare il teorema di M.L.CARTWRIGHT
e l'esistenza di almeno una soluzione periodica del sistema (3.1) è dimostrata.

f) Vogliamo applicare il teorema di Yoshizawa all'equazio
ne (1.8) di Reuter:

$$(3.7) \qquad \ddot{x} + f(\dot{x}) + g(x) = e(t)$$

alla quale possiamo sostituire il sistema differenziale

$$(3.8) \qquad \frac{dx}{dt} = y \quad , \quad \frac{dy}{dt} = -f(y) - g(x) + e(t),$$

e supponiamo f(y), g(x), e(t) funzioni continua dei loro
argomenti, $\lim\limits_{|y| \to \infty} f(y)\,\mathrm{sgn}\,y = \infty$; $\lim\limits_{|x| \to \infty} g(x)\,\mathrm{sgn}\,x = \infty$ ed $e(t)$
col periodo ω .

Definiamo la funzione $\phi(x,y)$ come segue:

$$(3.9.1) \qquad \varphi(x,y) = e^{u(x,y)} \quad \text{se} \quad (3.10.1) \ -\infty < x < \infty, \ y \geqslant b,$$

$$(3.9.2) \quad \varphi(x,y) = e^{u(x,y) - y + b} \qquad \text{se } (3.10.2) \quad x \geqslant a \ , \ |y| \leqslant \bar{b} \ ;$$

$$(3.9.3) \quad \varphi(x,y) = e^{u(x,y) + 2b} \qquad \text{se} (3.10.3) \quad |x| \geqslant a \ , \ y \leqslant -\bar{b} \ ;$$

$$(3.9.4) \quad \varphi(x,y) = e^{u(x,y) + \frac{2b}{a}(x+a) - 2b} \qquad \text{se} (3.10.4) \quad |x| \leqslant a \ , \ y \leqslant -\bar{b} \ ;$$

$$(3.9.5) \quad \varphi(x,y) = e^{u(x,y) - 2b} \qquad \text{se} (3.10.5) \quad x \leqslant -a \ , \ y \leqslant -\bar{b} \ ;$$

$$(3.9.6) \quad \varphi(x,y) = e^{u(x,y) + y - b} \qquad \text{se} (3.10.6) \quad x \leqslant -a \ ;$$

con

$$(3.10) \quad u(x,y) = -\frac{y^2}{2} - G(x) \ , \qquad G(x) = \int_0^x g(x)\, dx \ ,$$

e dove $\underline{a}$)e $\underline{b}$ sono costanti sufficientemente grandi.
Per verificare che la $\varphi(x,y)$ ha tutte le proprietà dichia
rate nel teorema 2 basterà verificare che in ciascuna delle regioni $(3.10.1),\ldots,(3.10.6)$ vale la relazione

$$(3.11) \quad \frac{\partial \varphi}{\partial x} y + \frac{\partial \varphi}{\partial y}\left[-f(y) - g(x) + e(t) \right] \geqslant \varepsilon > 0 \ ,$$

quando (x,y) varia in una regione finita.
Ad es. nella regione $(3.10.1)$ il primo membro della (3.11)
diventa:

$$y f(y) e^{u(x,y)} \left[1 - \frac{p(t)}{f(y)} \right] \ ,$$

e nella regione $(3.10.4)$:

$$e^{u(x,y) + \frac{2b}{a}(x+a) - 2b} \cdot y f(y) \left[1 - \frac{p(t)}{f(y)} + \frac{2b}{a f(y)} \right] \ ;$$

si trova subito che se $\underline{a}$ e $\underline{b}$ sono sufficientemente grandi
sono soddisfatte tutte le ipotesi del teorema 2, e da ciò
consegue l'esistenza di almeno una soluzione periodica
di periodo ω dell'equazione (3.7).

4.- <u>Esistenza di soluzioni periodiche col teorema di Massera.-</u>

a) <u>T.Yoshizawa</u>[14] con ragionamenti analoghi a quelli impie‐
gati nel n.3 ha dimostrato il seguente teorema:

<u>TEOREMA 1.</u>:   Nel sistema

$$(4.1) \quad \frac{dx}{dt} = f(x,y,t) \quad , \quad \frac{dy}{dt} = g(x,y,t)$$

le $f(x,y,t)$, $g(x,y,t)$ siano continue in Δ_1 :

$$\Delta_1 : \quad 0 \le t < \infty , \quad -\infty < x < \infty .$$

Sia Δ_3 il dominio rettangolare;

$$\Delta_3 : \quad |x| < K_1 \ , \quad |y| < K_2 \quad (K_1, K_2 \text{ costanti positive})$$

$$\Delta_2 : \quad 0 \le t < \infty , \quad (x,y) \in C\Delta_3 ,$$

ed esista una funzione continua positiva $\phi(x,y;t)$ defini‐
ta in Δ_2 che soddisfa le seguenti condizioni:

1° $\lim\limits_{|y| \to \infty} \phi(x,y,t) = 0$ uniformemente rispetto a (y,t);

2° Per ogni coppia di costanti positive $N_1, N_2 (N_1 > K_1,\ N_2 > K_2$
esista un numero positivo $G(N_1,N_2)$ tale che

$$\phi(x,y,t) \geqslant G(N_1,N_2) \cdot \text{per } 0 \le t < \infty ,\ |x| = N_1 ,\ |y| = N_2 ,$$

3° $\phi(x,y,t)$ sia lipschitziana rispetto alla coppia (x,y);

4° In ogni punto interno a Δ_2 risulti

$$\lim\limits_{h \to 0} \left\{ \phi(x + h f(x,y,t), y + h g(x,y,t), t) - \phi(x,y,t) \right\} \geqslant 0 .$$

Inoltre sia $M > 0$, $L(M)$ un numero positivo dipendente da
M, e sia

$$\Delta_4(M) : \quad 0 \le t < \infty , \quad x \geqslant L(M) ,\ |y| < M ;$$

$$\Delta_5(M) ; \quad 0 \le t < \infty , \quad x \le -L(M),\ |y| > M ;$$

e supponiamo che ad ogni numero positivo M corrispondano
due funzioni $\psi_1(x,y,t)$, $\psi_2(x,y,t)$, definite rispettivamen‐
te in $\underline{\Delta_4(M)}$, $\Delta_5(M)$, tali che:

(14) Cfr. <u>T.YOSHIZAWA</u>, lav. cit. in 2) della nota (13).

5° per ogni L'> L esista in corrispondenza un numero $H(L')$ in maniera che

$$\psi_1(L', y, t) \geqslant H(L') > 0, \quad \psi_2(-L', y, t) \geqslant H(L') > 0;$$

6° $\lim\limits_{|x| \to \infty} \psi_i(x,y,t)=0$ uniformemente rispetto a (y,t);

7° le $\psi_i(x,y,t)$ soddisfino ad una condizione di <u>Lipschitz</u> rispetto alla coppia (x,y);

8° In ogni punto interno a $\Delta_4(M)$, $\Delta_5(M)$ risulti rispettivamente

$$\lim\limits_{h \to 0} \frac{1}{h} \left[\psi_i(x+hf, y+hg, t) - \psi_i(x,y,t) \right] \geqslant 0 \quad (i=1,2).$$

In queste ipotesi per ogni soluzione del sistema (4.1) uscente dal punto t=0 esistono in corrispondenza due costanti A e B tali che

$$|x(t)| < A, \qquad |y(t)| < B.$$

Nella dimostrazione di <u>Yoshizawa</u> le ipotesi fatte su ϕ servono a concludere che $|y(t)|$ è limitata, usando la ψ_1 si trova x(t) < M', e usanso la ψ_2 si trova x(t) > -M', e perciò <u>ogni soluzione del sistema</u> (1) <u>è continuabile in</u> $(0, \infty)$ <u>ed è limitata.</u>

b) <u>Se in aggiunta alle ipotesi del teorema 1 si fa l'altra</u> <u>che si abbia per un</u> $\omega > 0$:

$$(4.2) \quad f(x, y, t+\omega) = f(x,y,t), \quad g(x,y,t+\omega) = g(x,y,t),$$

<u>e per il sistema</u> (4.1) <u>vale il teorema di unicità</u>, <u>allora</u> <u>per il teorema di Massera</u> (richiamato al n.2 b)) <u>segue</u> <u>che il sistema</u> (1) <u>ammette almeno una soluzione periodica</u> <u>di periodo</u> ω .

c) Consideriamo ad es. l'equazione (1.7) di <u>S.Misohata</u> ed <u>M. Yamaguti</u>

$$(4.3) \quad \ddot{x} + f(x)\dot{x} + g(x) = e(t),$$

nelle ipotesi che f(x), g(x), g'(x), e(t) siano continue,
e(t) periodica di periodo ω ,

$$\lim_{x \to \infty} \int_0^x f(x)\,dx = \infty, \qquad \lim_{x \to -\infty} \int_0^x f(x)\,dx = -\infty,$$

$$x\,g(x) > 0 \quad \text{per } |x| \geq q > 0, \ (q \text{ costante}) ; \qquad \int_0^\omega e(t)\,dt = 0.$$

L'equazione (4.3) equivale al sistema

$$(4.4) \qquad \frac{dx}{dt} = y - F(x) + E(t) \ , \qquad \frac{dy}{dt} = -g(x)$$

$$\text{con} \qquad F(x) = \int_0^x f(x)\,dx \ , \qquad E(t) = \int_0^t e(t)\,dt ,$$

$$\text{e posto} \qquad u(x,y) = \frac{y^2}{2} + \int_0^x g(x)\,dx$$

supposto $\underline{a}$ e $\underline{b}$ sufficientemente grandi, si faccia nelle
sei regioni

$$x \geq a, \ |y| < \infty ; \ |x| \leq a, \ y \geq b ; \ x \leq -a, \ y \geq b,$$

$$x \leq -a, \ |y| \leq b ; \ x \leq -a, \ y \leq -b ; \ |x| \leq a, \ y \leq -b,$$

$\phi(x,y,t)$ rispettivamente uguale a:

$$e^{-u(x,y)} \ , \quad e^{-u(x,y)-a} \ , \quad e^{-u(x,y)-2a} \ ,$$

$$e^{-u(x,y)-\frac{2a}{b}y} \ , \quad e^{-u(x,y)+2a} \ , \quad e^{-u(x,y)-x+a} \ .$$

Se infine per $\underline{c}$ sufficientemente grande prendiamo $\psi_1 = e^{-x}$
per $x > c$, $\psi_2 = e^x$ per $x < -c$, e applichiamo il risultato enunciato in b), abbiamo che <u>nelle ipotesi dichiarate</u>
<u>la (4.3) ammette almeno una soluzione periodica.</u>

o————o————o

G.Sansone

I N D I C E

CAP. I

PUNTI SINGOLARI E TEOREMI DI EQUICOMPORTAMENTO. LE EQUAZIONI OMOGENEE IN GRANDE.

1.Generalità sui punti singolari elementari   pag. 1
2.Teoremi di equicomportamento di Poincaré e
  di Perron.   "   2
3.Sistemi omogenei.   "   3

CAP. II

L'EQUAZIONE DI LIÉNARD. TEOREMI DI ESISTENZA, DI SOLUZIONI PERIODICHE, DI UNICITA' E DI CONFRONTO. CALCOLO DEL PERIODO.

1.L'equazione di Liénard.   pag. 10
2.Un sistema equivalente all'equazione
  di Liénard.   "   11
3.Limitazione inferiore di D.Graffi del-
  la distanza fra due zeri consecutivi del
  le soluzioni della (1.1).   "   12
4.Carattere oscillatorio degli integrali.   "   12
5.Esistenza di almeno un integrale perio
  dico della (1.1).   "   13
6.Criteri sufficienti per l'esistenza di
  una sola soluzione periodica.   "   15
7.Esistenza di soluzioni periodiche per
  f(i) avente discontinuità di prima
  specie.   "   18

8. Teorema di confronto.   pag.   19
9. Calcolo del periodo nel caso che la
   (1.1) ammetta una sola soluzione periodica.   "   21

CAP. III

EQUAZIONI DELLE OSCILLAZIONI DI RILASSAMENTO E DEI MO-TI OSCILLATORI SMORZATI O FORZATI. SOLUZIONI PERIODI-CHE. TEOREMI DI T. YOSHIZAWA.

1. Alcuni richiami bibliografici.   pag.   24
2. Il teorema di esistenza di una solu-
   zione periodica dedotto con metodi
   topologici.   "   28
3. Criterio di definitiva (uniforme) li
   mitatezza di T.Yoshizawa,ed esistenza
   di soluzioni periodiche.   "   31
4. Esistenza di soluzioni periodiche col
   teorema di Massera.   "   40

$$\underline{D\ A\ R\ I\ O} \quad \underline{G\ R\ A\ F\ F\ I}$$

QUESTIONI VARIE SULLE OSCILLAZIONI NON LINEARI

R o m a – Istituto Matematico 1954 – R o m a

CAP. I

SISTEMI FISICI RETTI DA EQUAZIONI NON LINEARI

1. In questa conferenza esporremo alcuni esempi di sistemi fi
sici che si possono descrivere mediante le equazioni differenziali
della meccanica non lineare o più esattamente delle oscillazioni
non lineari. Pur limitandoci, salvo un breve cenno alla fine,
a sistemi con un grado di libertà, vedremo come diverse questioni,
che verranno trattate in questi corsi di Varenna, sorgano da pro
blemi concreti; inoltre avremo modo di discutere, sia pure brevemente, il valore fisico delle ipotesi matematiche che di solito
si introducono nella meccanica non lineare.

2. Le oscillazioni che si studiano più di frequente nella mec
canica (ad es. quelle del pendolo) sono tali che <u>durante il moto</u>
<u>l'energia rimane costante.</u> Essi si possono descrivere mediante una
equazione differenziale (nella incognita x coordinata lagrangiana
del sistema meccanico) del tipo:

$$(1) \qquad \ddot{x} + \varphi(x) = 0$$

ed è noto che questa equazione ammette l'integrale primo:

$$(2) \qquad \frac{\dot{x}^2}{2} + V(x) = E \qquad V(x) = \int \varphi(x)\, dx$$

il quale esprime, appunto, la costanza dell'energia nel siste
ma fisico rappresentato da (1). Se $\varphi(x)$ si riduce a $\omega_0^2\, x$
(ω_0^2 costante) cioè se la forza è di tipo elastico, si ricava
una equazione lineare notissima e il sistema si muove di moto
armonico.

E' da notare che anche l'elettromagnetismo fornisce esempi
di sistemi descritti da (1). Si abbia un circuito elettrico, con
resistenza trascurabile, formato da una autoinduzione che termina
ai capi di un condensatore di capacità C. Se l'autoinduzione
contiene un nucleo di ferro (di cui trascureremo l'isteresi) detto
x il flusso d'induzione magnetica che la attraversa, la corrente
i nel circuito è una funzione non lineare di x cioè i= ψ (x). Si
ha allora dalla teoria dei circuiti elettridi:

$$(3) \qquad \ddot{x} + \frac{\dot{i}}{C} = 0$$

che si riduce ad (1) purchè si ponga :

$$(4) \qquad \varphi(x) = \frac{\psi(x)}{C}$$

La (3) può scriversi poi in altra forma a cui accenneremo più innanzi.

Le (1) sono in generale equazioni non lineari; esse però mediante l'integrale primo (2) possono ricondursi alla quadratura e
comunque un ben noto teorema di Wejerstrass permette di discutere
la natura delle loro soluzioni, che in diversi casi risultano,
periodiche. Perciò su queste equazioni non diremo altro.

3. Nei sistemi meccanici ed elettrici sono sempre presenti
azioni dissipative che, alterano il comportamento del sistema.
Nel caso meccanico queste azioni si riducono a forze che, molto
spesso, dipendono dalla velocità; le scriveremo perciò nella forma
-F($\dot{x}$) con -F($\dot{x}$) $\dot{x}$ positiva affinchè il lavoro delle forze dissipative risulti positivo. Allora l'equazione del sistema descritto
da (1), in presenza delle forze dissipative ora considerate diventa: (1)

----

(1)

Supponiamo, per semplicità, unitaria l'inerzia del sistema.

(5)
$$\ddot{x} + F(\dot{x}) + \varphi(x) = 0$$

I tipi di forze dissipative o resistenti, più comuni, sono quelle
di tipo viscoso per cui tali forze sono proporzionali e di segno
contrario alla velocità, oppure di tipo idraulico cioè proporzionali al quadrato della velocità e di segno contrario alla velocità stessa. Si ha cioè in questi due casi:

(6)
$$F(\dot{x}) = 2p\,\dot{x} \qquad\qquad F(\dot{x}) = R\,|\dot{x}|\,\dot{x}$$

con p e k costanti positive.

   Nel caso di resistenza viscosa e nell'ipotesi $\varphi(x) = \omega_0^2\, x$
la (5) si riduce all'equazione lineare:

(7)
$$\ddot{x} + 2p\dot{x} + \omega_0^2\, x = 0$$

discussa in ogni corso di meccanica e che si ritrova anche nella
teoria dei circuiti elettrici comuni formati da una resistenza,
una capacità e una autoinduzione, senza nucleo di ferro, in serie;
il termine 2p è proporzionale alla resistenza del circuito e potrà chiamarsi, per brevità, termine resistente.
Lo studio di (5) quando la resistenza è di tipo idraulico, oppure
quando la $\varphi(x)$ non è lineare, ha dato luogo a numerose ricerche
che si trovano riportate nei trattati di meccanica non lineare[1].
----
(1) Cfr.p.es. I.I. Stoker-Non linear vibrations-(Interscience Pu-
blishers,1950), cap.III. Per una bibliografia sull'argomento di
cui si parla nel testo si vedano le Note 48 e 49 dell'articolo di
G. Sansone "Le equazioni delle oscillazioni non lineari"-(Atti del
IV Congresso dell'Unione Matematica Italiana),vol.I,pp.186-218. Si
vedano anche le Note di G. Sestini "Moto di un punto soggetto a
resistenza e a forza di richiamo"(Rendiconti Istituto Lombardo di
Scienze e lettere,vol.LXXIX-1945-46,pag.117-134) - Valutazione asin-
(segue pag.seguente)

Forse non sarà inutile osservare che ora la L, espressa da (2),
non è costante, ma la sua derivata rispetto al tempo vale:

$$(8) \qquad \frac{dE}{dt} = - F(\dot{x})\, \dot{x}^2$$

cioè l'energia va decrescendo al crescere del tempo in quanto una
parte di essa si dissipa, perciò non esistono soluzioni periodiche
di (6). Anzi se $\varphi(x)$ è sempre dello stesso segno di x si può af-
fermare che il comportamento qualitativo delle soluzioni di (5) non
si altera linearizzando$^{(1)}$tale equazione. Vi sono però diverse
questioni pratiche in cui interessa conoscere il comportamento
quantitativo degli integrali di (5) ed è perciò necessario uno
studio molto più preciso di tale equazione.

4. In vari sistemi fisici, si cerca di compensare le azioni
dissipative o, più brevemente, si cerca di restituire al sistema,
meccanico o elettrico, l'energia dissipata per effetto di quelle
azioni in modo che il sistema compia oscillazioni persistenti,
cioè oscillazioni rappresentate da funzioni periodiche. Ciò si ottiene, ovviamente, mediante una sorgente esterna di energia che
può agire indipendentemente dal sistema, oppure può essere comandata dal sistema stesso.
Il primo caso si realizza nella meccanica facendo agire sul sistema una forza opportuna dipendente solo dal tempo; nell'elettromagne-
----
totica per un problema di dinamica non lineare (Quaderno Scientifi-
co del convegno meccanico e fisico-matematico di Modena 1952
pag.63-78.
(1) La linearizzazione di una equazione non lineare si ottiene, in
sostanza, sviluppando i termini non lineari in serie (intorno allo
zero, o ad un valore da ritenersi sensibilmente costante) e ferman-
do lo sviluppo al termine lineare. Linearizzando la (5) nelle ipo-
tesi $F(\dot{x})$ e, $\varphi(x)$ rispettivamente dello stesso segno di x e $\dot{x}$ e
quindi nulle quando si annulla questa variabile si ottiene subito
la (7).

tismo mediante una forza elettromotrice generata da una macchina
elettrica inserita nel circuito. Generalmente questa forza o forza elettromotrice è una funzione sinusoidale la cui pulsazione,
ampiezza, fase iniziale, indicheremo rispettivamente con ω , C ,
γ sicchè la (5) si modifica nel seguente modo:

$$(9) \qquad \ddot{x} + F(\dot{x}) + \varphi(x) = C \cos(\omega t + \gamma)$$

Se il primo membro di (9) si riduce a quello di (7), si ha una e-
quazione lineare ben nota che ammette una sola soluzione periodi-
ca di periodo $T = \frac{2\pi}{\omega}$ a cui tendono asintoticamente tutte le altre.
Questa proprietà vale anche, sotto condizioni molto larghe, per la
(9), quando $\varphi(x) = \omega_o^2 x$, F($\dot{x}$) crescente con $\dot{x}$[1].

   Il caso in cui $\varphi(x)$ non è lineare si presenta ad esempio,
per quanto si è detto al n. 2 nei circuiti elettrici con nucleo
di ferro soggetti a forze elettromotrici sinusoidali[2].
La teoria di tali equazioni, indubbiamente alquanto complessa,
può dar luogo a più soluzioni periodiche di periodo $T = \frac{2\pi}{\omega}$ di
cui è necessario studiare la stabilità; allora si possono verifi-

---

(1) Cfr. R. Caccioppoli e A.Ghizzetti- Ricerche asintotiche su una
particolare equazione differenziale non lineare-(Atti Acc.d'Italia,
vol. 3°, 1942, pp. 427-440).

(2) L'equazione di tali circuiti è però un po' diversa dalla (9).
Se la forza elettromatrice e è rappresentata dal secondo membro
di (9) ed R indica la resistenza, ricordando che x indica il flusso, i l'intensità di corrente si ha

$$\ddot{x} + R\frac{di}{dt} + \frac{i}{C} = \frac{de}{dt}$$

o anche ricordando i=$C \varphi(x)$

$$(\alpha) \qquad \ddot{x} + RC \varphi'(x)\dot{x} + \varphi(x) = \frac{de}{dt}$$

care quei fenomeni di "jump" e d'isteresi di cui, relativamente
ad altri sistemi, ci parlerà il Prof. Aymerich. Oppure, si può
provare l'esistenza di soluzioni di periodo multiplo di T (soluzio
ni sottoarmoniche) di recente studiate dal Prof. G. Colombo[1].

5. Passiamo ora ai sistemi in cui la sorgente esterna di
energia è comandata dal sistema stesso. Sistemi di questo tipo
sono <u>nettamente non lineari cioè rappresentati da equazioni non
lineari che non possono linearizzarsi senza alterare</u> la natura
del sistema. Ciò si può intuire osservando che mediante equazioni lineari non si può descrivere il comando della sorgente da par
te del sistema; del resto gli esempi che esporremo confermeranno
quanto si è affermato poco fa.

Un esempio tipico di tali sistemi è il pendolo con relativo
scappamento la cui equazione verrà esposta dal Prof. Aymerich; in
questo caso, come è ben noto, il pendolo comanda il peso che, di-
scendendo, fornisce energia necessaria per mantenere periodiche
le oscillazioni del pendolo stesso. Ma altri esempi, e molto
importanti, sono offerti dalla maggior parte dei radiotrasmettitori. Ci limiteremo a mettere in evidenza la loro non linearità,
tralasciando di discutere il loro comportamento energetico (del
resto ben noto), per non allungare troppo la nostra esposizione.

Cominciamo dai radiotrasmettitori ad onde smorzate o meglio
quelli che emettono una successione periodica di treni di onde
smorzate usati da Marconi nei primordi della radiotelegrafia. Essi sono non lineari per la presenza di uno spinterometro che, a
seconda che è elevata o bassa la tensione ai suoi capi, ha resi-

----
che coincide con la (9) solo se è nulla la resistenza. Nel caso generale la (α)rientra in un tipo di cui diremo più innanzi. Notiamo che vari autori (p.es. G.Colombo,vedi Nota seguente) prefe-
riscono prendere come incognita la carica q su una armatura del
condensatore C , cioè $q = \int i\,dt$ e la (α) diventa:

$$\frac{d}{dt}\psi(\dot{q}) + R\dot{q} + \frac{q}{C} = e$$

[1] G.Colombo-Sulle oscillazioni forzate di un circuito comprendente
una bobina a nucleo di ferro-(Rend.Seminario Matematico dell'Univer-
sità di Padova), vol. XXII, 1953, pp. 380-398.

stenza finita oinfinita. Appunto ~~per~~ ~~effetto~~ di questa resistenza variabile l'oscillatore.può riprendere, dopo che si è scaricato-
to, la carica iniziale per dar luogo al nuovo treno di oscillazioni smorzate.

Però esempi più chiari e più importanti si hanno coi radio-
trasmettitoti a onde persistenti, trasmettatori formati da circui_
ti elettrici percorsi da correnti persistenti e spesso prossime
alle alternative.

Indichiamo due esempi di tali circuiti. Nel circuito di griglia
di un triodo (fig.1) è inseri-
ta una autoinduzione L, una resistenza R, in parallelo a queste
grandezze vi è un condensatore
di capacità C; la differenza di
potenziale fra griglia e filamento (potenziale di griglia)
coincide colla differenza di po
tenziale alle armature del condensa
tore, differenza che indicheremo

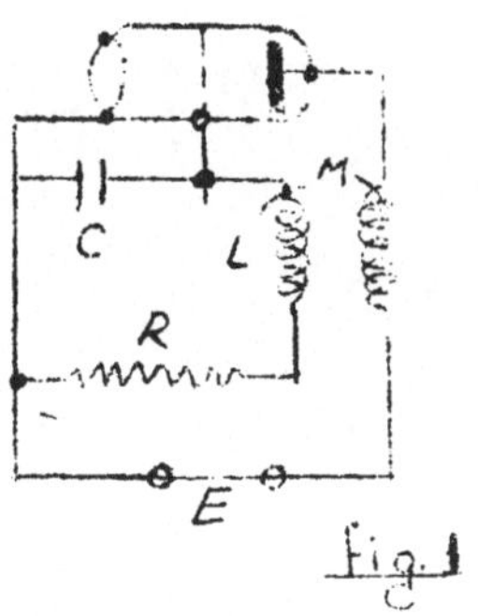

con x. Il circuito di placca è alimentato da una forza elettromotrice costante E ed è collegato magneticamente, mediante la
mutua induzione M, col circuito di griglia. Trascurando la corrente fra griglia e filamento la corrente che attraversa la resistenza e l'autoinduzione sarà quella che carica la capacità, cioè
$C\dfrac{dx}{dt}$; allora considerato il circuito formato dalla resistenza,
dall'autoinduzione e dal condensatore, tenendo conto che la corrente di placca i_A è variabile perchè è variabile il potenziale
di griglia x, si ha l'equazione:

$$(10) \qquad LC\frac{d^2x}{dt^2} + \left(M\frac{di_A}{dt} + RC\frac{dx}{dt}\right) + x = 0$$

Ora, poichè si è supposta trascurabile la corrente di griglia,
trascurnado anche le variazioni del potenziale di placca dovute

...lla variazione di i_A, si può scrivere:

$$i_A = g(x)$$

dove g(x) indica una funzione di x, nulla per x negativo, ed abbastanza elevato in valore assoluto, mentre per x positivo e molto grande g(x) tende ad un valore costante o al più descresce;
g'(x) sarà allora, per x abbastanza grande, positiva molto piccola o negativa, comunque limitata come g(x). Si ha allora, sostituendo in (10):

$$(11) \qquad \ddot{x} + \left(\frac{R}{L} + \frac{M}{L} g'(x) \right) \dot{x} + \frac{x}{LC} = 0$$

Poniamo ora:

$$(12) \qquad f(x) = \frac{R}{L} + \frac{M}{L} g'(x) \,, \qquad \omega_o^2 = \frac{1}{LC}$$

e scegliamo M negativo ed abbastanza grande in modo che sia:

$$f(0) = \frac{R}{L} + \frac{M}{L} g'(0) < 0$$

sicchè, per continuità, f(x) sarà negativa per piccoli valori di
$|x|$.

    Invece per x, grande in valore assoluto, e di segno positivo o
negativo per quanto si è detto g'(x) è molto piccola o anche negativa, sicchè risulta f(x) positiva. Allora si ha:

$$(14) \qquad \ddot{x} + f(x)\dot{x} + \omega_o^2 x = 0$$

    E' questa l'_equazione di Liénard_ fondamentale nelle questioni
di meccanica non lineare. Il carattere essenziale di questa equazione consiste nel fatto che il coefficiente f(x) di $\dot{x}$ dipende
dall'incognita x ed è negativo per piccoli valori di x, positivo

per grandi valori di questa variabile. In altre parole intendendo,
in analogia con l'equazione (7), per resistenza il coefficiente di
$\dot{x}$, si può dire che l'equazione di Liénard descrive un sistema in
cui la resistenza è negativa per piccoli valori (in modulo) del-
l'incognita, positiva per grandi valori dell'incognita stessa.

Riservandoci di esporre ulteriori considerazioni di carattere generale sull'equazione di Liénard, indichiamo altri sistemi
elettrici e meccanici in cui si incontra l'equazione in discorso.

Si abbia (fig.2) nel circuito di placca di un triodo una resistenza R, una autoinduzione L ed una capacità C poste in parallelo, il circuito di placca sia collegato a quello di griglia mediante una mutua induzione M,
nel circuito di griglia sia inse
rita una forza elettromotrice
costante E. Detto E+x il poten
ziale di placca, cioè la differenza fra il potenziale di plac
ca e quello del filamento, posto
ancora $\omega_o^2 = 1/LC$ ed indicato
con $\phi(w)$ la corrente di placca
quando il potenziale di placca è

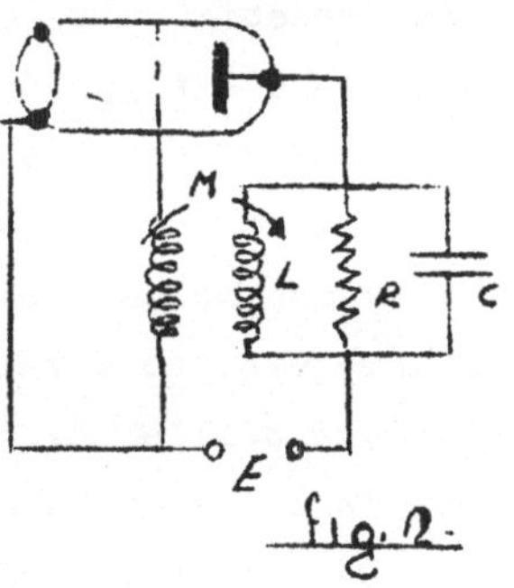

w, quello di griglia è nullo, con semplici considerazioni della
teoria dei circuiti si ha l'equazione:

$$(14) \qquad \ddot{x} + \frac{1}{C}\left(\frac{1}{R} + K\,\phi'(E+Kx)\right)\dot{x} + \omega_o^2\, x = 0$$

dove, detto μ il coefficiente di amplificazione del triodo, si ha:

$$K = 1 - \mu\,\frac{M}{L}$$

Allora indicata con f(x) il coefficiente di x nella (14) si ha
subito una equazione del tipo di Liénard. Restano da verificare

le proprietà di f(x). A questo scopo si osservi che $\phi(\omega)$ ha
la forma della figura 3, $\phi(\omega)$ tende perciò allo zero per $\omega \to \pm\infty$
Allora, scelto k negativo ed E in modo opportuno, si potrà avere
f(o) negativo, e perciò f(x)
negativo per x piccolo, mentre,
per ıxı grande, f(x) tende al
valore positivo $\dfrac{R}{L}$; l'ulte-
riore condizione affinchè la
(14) sia un'equazione di Liénard è
perciò soddisfatta.

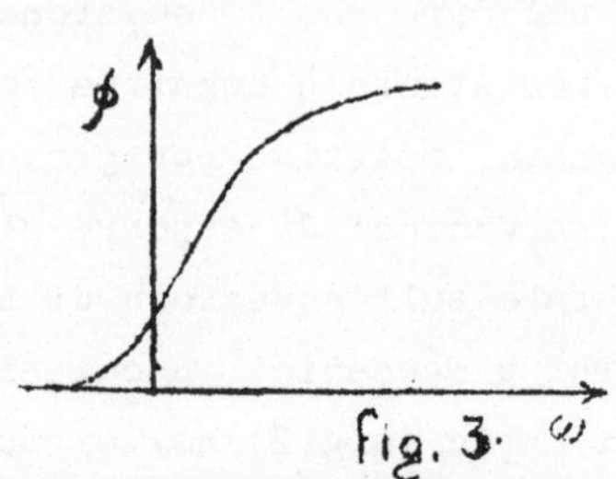

Un esempio di sistema meccanico retto dall'equazione di
Liénard e il seguente: Un pattino di massa m è appoggiato (fig.4)
con attrito ad una cinghia che
si muove con velocità v su un
piano orizzontale e soggetto,
oltre che alla forza di attrito, a
una forza elastica esercitata da
una molla e a una forza resistente di tipo viscoso dovuta

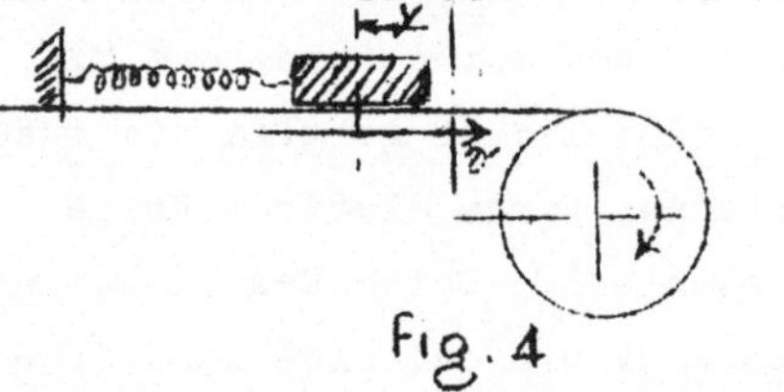

alla resistenza dell'aria. Detta y l'ascissa del pattino, rispetto al punto in cui è nulla la forza di richiamo (l'ascissa è orien
tata nel senso contrario alla velocità della cinghia) poichè la
forza di attrito dipende dalla velocità relativa v+ẏ del pattino rispetto alla cinghia si potrà scrivere tale forza uguale a
-mg(v+ẏ). Allora, detta -2pmẏ la resistenza di tipo viscoso e k^2
la costante della forza elastica, si ha per la legge di Newton:

$$(16) \qquad \ddot{y} + \frac{k^2}{m}y + 2p\dot{y} + g(v+\dot{y}) = 0$$

Posto

$$\dot{y} = x \quad , \quad f(x) = g(v+x) + 2p \quad , \quad \frac{k^2}{m} = \omega_o^2$$

si ha derivando (16)[1]:

(17)
$$\ddot{x} + f(x)\dot{x} + \omega_o^2\, x = 0$$

Ora, poichè per valori opportuni di v,$g(v)$ è negativa, può risultare $f(x)$ negativa per x piccolo, positiva per grandi valori di x;
la (17) è ancora un'equazione di Liénard [2]. Notiamo che a un'e-
quazione del tipo (16) si giunge anche considerando un circuito
che fu usato quando si cominciò a realizzare, nella radiotelegrafia,
le oscillazioni persistenti. Si consideri un conduttore non lineare, cioè tale che la tensione ai suoi capi non sia proporzionale alla corrente i che lo attraversa, ma sia una funzione $g(i)$ non
lineare di tale corrente funzione che come avviene nell'arco vol-
taico non è sempre crescente.

Ciò posto, s'immagini (fig.5) di derivare ai capi del conduttore non lineare un circuito forma
to da un'autoinduzione L, resistenza R, capacità C in serie
e di derivare pure ai capi del
conduttore non lineare un circuito alimentato da una forza
elettromotrice e percorso da

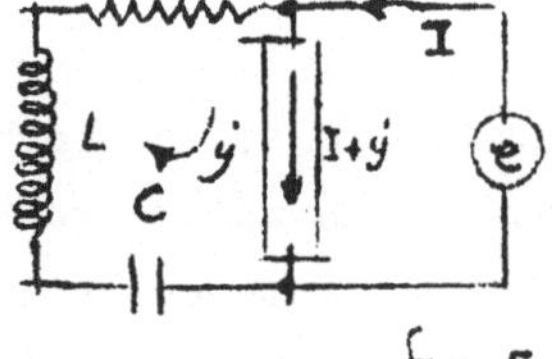

una corrente I costante. Allora, detta y la carica sull'armatura positiva del condensatore di capacità C e il circuito L,R,C
orientato in modo che I+ẏ sia la corrente del conduttore non lineare si ha:

[1] A rigore $g(v+\dot{y})$ è discontinua per $v+y=o$, perciò non è lecito derivare la (16) per questo valore di y. Perciò occorrerà supporre
di considerare soluzioni di (17) per cui è sempre v+ẏ diverso da
zero. Se non è lecita questa ipotesi bisogna studiare il sistema
mediante la (16).
[2] Per lo studio energetico dei sistemi in discorso si veda L.Ca-
prioli - Sul comportamento energetico di alcuni sistemi meccanici
non lineari-Rendic. Lincei,serie VIII,vol. XVI,1954,pp.463-467.

$$(18) \qquad L\ddot{y} + R\dot{y} + g(I + \dot{y}) + \frac{y}{C} = 0$$

equazione coincidente con la (16). Se poi R+g'(I) è minore di zero derivando la (18) e ponendo x=ẏ si ottiene ancora un'equazione di Liénard.

    6. Sull'equazione di Liénard, che,come si è visto, si incontra in tanti problemi ci parlerà nelle prossime conferenze il Prof.Sansone. Comunque non ritengo inutili le seguenti considerazioni. Posto:

$$(19) \qquad F(x) = \int_{0}^{x} f(x)\, dx$$

integrando la (14) da zero a t detta c la costante d'integrazione e fatta la posizione $\quad y = \int_{0}^{t} x\, dt + \frac{c}{\omega_{0}^{2}}\quad$, si ha

$$(20) \qquad \ddot{y} + F(\dot{y}) + \omega_{0}^{2}\, y = 0$$

Quest'equazione coincide, formalmente, con la (5) salvo lo scambio di x con y, E' da notare però che F'(o)=f(o) è negativo, cioè la F(ẏ) ha, nell'intorno dell'origine, segno contrario ad ẏ. Perciò le considerazioni valide per (5), non sempre si possono trasportare alla (20) od alla equazione di Liénard.

    Come si è già affermato, l'equazione di Liénard non può linearizzarsi. Infatti la (14)si potrebbe ridurre lineare solo ammettendo x poco variabile, onde ritenere f(x) sensibilmente costante. Ma se tale valore di f(x) si prende positivo la (14) si riduce a (7) le cui soluzioni tendono allo zero per t tendente all'infinito, quindi f(x) diventa negativo al contrario della nostra ipotesi. Se fosse f(x) costante negativa x tenderebbe all'infinito per t tendente all'infinito e f(x) diventerebbe positiva, sempre in contraddizione con la nostra ipotesi. Si potrebbe porre f(x)=o,

la x sarebbe allora sinoidale e variabile con ampiezza tale da
superare una radice dell'equazione f(x)=o (altrimenti si avrebbe
f(x) positivo) in contraddizione con l'ipotesi f(x) sensibilmente
costante. L'equazione di Liénard è dunque strettamente non lineare.
Del resto, si può facilmente provare che le soluzioni dell'equazione di Liénard hanno sempre carattere oscillatorio al contrario
delle equazioni lineari del tipo (7) che, in certi casi, possono
avere soluzioni aperiodiche.

Tornando alla f(x) di cui finora abbiamo solo enunciato proprietà qualitative notiamo che il modo più semplice possibile per
rappresentarla è quello proposto da Van der Pol, cioè la forma
parabolica:

$$(21) \qquad f(x) = -\alpha + \beta x^2$$

con α, β sostanti positive. Sostituendo nella (17) si ha la
celebre <u>equazione di Van der Pol</u> che, mediante un cambiamento del-
l'incognita e della variabile, può ridurdi a una forma più semplice e ben nota.

Notiamo però che nel caso dell'equazione di Van der Pol f(x)
tende all'infinito con x; nei casi concreti che abbiamo esaminato
f(x) rimane limitata per ogni x. Questa ipotesi, che potrebbe
agevolare la trattazione matematica dell'equazione di Liénard, è
dunque verificata in molti problemi fisici.

E' opportuna un'altra considerazione. La f(x) (come del resto
le funzioni F(x) e $\varphi(x)$ incontrate precedentemente) è una funzione che deve in generale ricavarsi mediante misure. Essa è perciò
assegnata a meno dell'inevitabile errore sperimentale. In altre
parole l'esperienza determina una striscia, più o meno larga, del
piano x,y entro cui è compresa f(x). Perciò, qualsiasi ipotesi di
continuità, derivabilità, ecc. sulla f(x) non può essere esclusa
dall'esperienza. Converrà dunque stabilire i teoremi generali
sull'equazione di Liénard, supponendo f(x) continua od anche ge-

ncralmente continua (e in certi casi ciò sarà molto comodo, come
proverà il Prof. Sansone in una prossima conferenza), ma d'altra
parte se, in qualche ricerca, si presenta, ad esempio, utile l'ipotesi della derivabilità per la f(x), questa ipotesi non può ritenersi restrittiva dal punto di vista delle applicazioni.

E' da notare anziiche, essendo la f(x) nota solo in maniera
approssimata, affinchè le soluzioni dell'equazione di Liénard siano
applicabili, con rigore, ai problemi concreti, occorre provare che
variando di poso la f(x) quelle soluzioni si alterano di poco.
E' questo in problema di stabilità di cui ci parlerà il Prof. Massera.

7. Se la f(x) può ritenersi piccolo rispetto a ω_o , si ha
il caso della cosiddetta debole non linearità; si conoscono metodi
di approssimazione esposti in tutti i trattati di meccanica non
lineare, per risolvere l'equazione di Liénard in tale ipotesi.

Se invece f(x) è molto grande rispetto a ω_o si ha il caso di
forte non linearità. Riferendoci alla (11) ciò si verifica quando
l'autoinduzione è molto piccola. In questo caso la (11) si può
scrivere:

$$L\ddot{x} + \left(R + M g'(x)\right)\dot{x} + \frac{x}{C} = 0$$

In questa equazione appare un parametro (la L) molto piccolo; se si
annulla tale parametro l'equazione diventa di ordine più basso.
Le equazioni di questo tipo che, come si vede, si incontrano spesso
nella pratica verranno trattate dal Prof. Wasow, che esporrà così
i metodi di studio per il caso di forte non linearità.

8. Da ultimo, indichiamo alcune generalizzazioni dell'equazione di Liénard. Se in tali equazioni in luogo di x si pone $\varphi(x)$
si ha la cosiddetta equazione di Liénard generalizzata; tale equazione può incontrarsi nei circuiti elettrici con autoinduzione a
nucleo di ferro. Si può anche supporre il coefficiente di $\dot{x}$, funzione di $\dot{x}$ e x, si ha così l'equazione che talvolta si incontra

nelle applicazioni:

$$\ddot{x} + f(x,\dot{x})\dot{x} + \varphi(x) = 0$$

Naturalmente nel circuito della fig.1 si può inserire una forza elettromotrice funzione sinusoidale del tempo. Si ha così l'equazione di Liénard delle oscillazioni forzate:

$$\ddot{x} + f(x)\dot{x} + \omega_0^2\, x = C\cos(\omega t + \gamma)$$

equazione che studieremo nella prossima conferenza.

Naturalmente questa equazione si può generalizzare ponendo $\varphi(x)$ in luogo di $\omega_0^2 x$, $f(x,\dot{x})$ in luogo di $f(x)$.

Infine si possono considerare sistemi di equazioni di Liénard che si incontrano, come facilmente si comprende, quando si considerano, due o più circuiti retti da un'equazione di Liénard e collegati tra loro per induzione o per capacità. Si presentano allora i sistemi:

$$a_{11}\ddot{x}_1 + a_{12}\ddot{x}_2 + f_1(x_1)\dot{x}_1 + c_{11}x_1 + c_{12}x_2 = 0$$

$$a_{21}\ddot{x}_1 + a_{22}\ddot{x}_2 + f_2(x_2)\dot{x}_2 + c_{21}x_1 + c_{22}x_2 = 0$$

con le a e c costanti sui quali riferirà il Prof. Colombo. Anzi termino richiamando l'attenzione dei presenti ai sistemi di equazioni differenziali del tipo ora scritto, perchè gli studi in proposito sono ancora molto scarsi.

CAP. II

SULLE OSCILLAZIONI PERIODICHE PER L'EQUAZIONE DI LIENARD
DELLE OSCILLAZIONI FORZATE

1. Riscriviamo l'equazione di Liénard delle oscillazioni
forzate, già considerata nella precedente conferenza, ma, per
maggiore generalità, poniamo $\varphi(x)$ in luogo di $\omega_0^2 x$ e al second
membro una funzione p(t) di t periodica di periodo T. Si ha così

$$(1) \qquad \ddot{x} + f(x)\dot{x} + \varphi(x) = p(t)$$

E' interessante conoscere se, come nel caso lineare, la (1) amme
te soluzioni periodiche di periodo T. Il metodo usato per dimostrare l'esistenza di tali soluzioni è il seguente. Si riduce
l'equazione (1) ad un sistema di due equazioni del primo ordine
in due incognite x e y, cioè un sistema del tipo:

$$(2) \qquad \begin{cases} \dot{x} = \psi_1(x,y,t) \\ \dot{y} = \psi_2(x,y,t) \end{cases}$$

dove ψ_1 e ψ_2 sono funzioni di x,y,t, periodiche, di periodo T,
rispetto a t. Si determina poi, nel piano x,y, un'area a connessione semplice σ tale che ogni soluzione di (2), con condizioni
iniziali in σ, rimanga per t positivo sempre entro σ [1]. In
altre parole, ogni soluzione di (2) che nasce in σ rimane sem
pre in σ : ciò si può provare dimostrando più in generale,
----
(1) Più precisamente, rimane entro σ la curva rappresentata da
una soluzione del sistema (2). In seguito useremo sempre questo
linguaggio abbreviato.

che le soluzioni di (2) possono al più entrare, ma mai uscire da
σ , cioè σ è, per così dire, una "trappola" per le soluzioni di (2).

Sia allora P_0 un punto generico di σ , con coordinate x_δ, y_0
e sia $x(t), y(t)$ la soluzione di (2) che ha, per condizioni iniziali,
x_0, y_0. Si indichi con P_T il punto di coordinate $x(T), y(T)$, fra
P_0 e P_T si stabilisce una corrispondenza topologica che trasforma
i punti di σ in punti della stessa area. Per il teorema di
Brouwer questa trasformazione ammette almeno un punto unito $\bar{P}$; cioè
dette $\bar{x}$ e $\bar{y}$ le sue coordinate e $\bar{x}(t)$, $\bar{y}(t)$ la soluzione di (2) con
condizioni iniziali $\bar{x}$ e $\bar{y}$, si ha:

$$(3) \qquad \bar{x}(0) = \bar{x}(T) \qquad \bar{y}(0) = \bar{y}(T)$$

E' facile allora provare che $x(t), y(t)$ è una soluzione di (2), funzione periodica di periodo T.

Infatti, se $\bar{x}(t)$, $\bar{y}(t)$ sono soluzioni di (2), lo sono anche
$\bar{x}(t+T)$, $\bar{y}(t+T)$ [1], inoltre per t=o queste ultime soluzioni hanno,
per le (3), gli stessi valori iniziali di $\bar{x}(t)$, $\bar{y}(t)$. Si ha così:

$$(4) \qquad \bar{x}(t) = \bar{x}(t+T) \qquad \bar{y}(t) = \bar{y}(t+T)$$

il che prova la periodicità delle funzioni in discorso.

2. Poichè è molto facile ridurre la (1) nel sistema (2), la
parte più delicata delle dimostrazioni accennate al n° precedente
consiste nella costruzione della superficie σ . Una prima ricer-

----

[1] Infatti, sostituendo a t, t+T si ha subito che $\bar{x}(t+T)$, $\bar{y}(t+T)$ è
soluzione del sistema:

$$\dot{\bar{x}} = \psi_1(\bar{x}, \bar{y}, t+T) \qquad \dot{\bar{y}} = \psi_2(\bar{x}, \bar{y}, t+T)$$

e ricordando ψ_1 e ψ_2 periodiche rispetto a t ne consegue
$\bar{x}(t+T)$, $\bar{y}(t+T)$ soluzione di (2), come si è affermato nel testo.

ca, notevole per la sua semplicità ed eleganza, è stata compiuta
dal Lefschetz [1]; in seguito Levinson[2] dimostrò l'esistenza di
σ in condizioni molto generali[3]; poi altre σ sono state costrui-
te da diversi autori. Noi esporremo la costruzione di Mizohata
e Yamaguti[4] perchè molto semplice e valida in ipotesi molto
larghe.

Premettiamo le seguenti considerazioni. Sia s il contorno di
σ ; se l'angolo fra una soluzione x(t),y(t) orientata nel verso
delle t crescenti e la normale a s orientata verso l'esterno di
σ , risulta, in ogni caso, ottuso, resta dimostrato che nessuna
soluzione di (2) esce da σ . In particolare se f(x,y)= Γ

----

(1) S. Lefschetz, Existence of periodic solutions for certain
differential equations.(Proc. Mat. Academy; XXIX (1943),pp.29-32)
Vedi anche Lefschetz, Lectures on differential equations-Princeton
University Press (1948), p.204.

(2) N. Levinson, On the existence of periodical solutions for second order differential equations with a forcing term.(Journal of
Math. and Phys. XXII (1943),pp.41-48). Vedi anche G. Langenhop,
Note on the Levinson's existence theorem for periodical solutions
of second order differential equations, idem, XXX (1951), pp.36-39.

(3) Infatti Levinson sostituisce a f(x) una funzione di x e di $\dot{x}$.

(4) S. Mizohata e M. Yamaguti, On the existence of periodical
solutions of the non linear differential equation

Memoirs of the College of Science University of Tokyo, Series A,
XXVII (1951), pp.109-113.
Una dimostrazione simile a quella degli Autori ora citati si
trova nella nota di A.Ascari, Studio sintotico di una equazione
differenziale relativa alla dinamica del punto,Rend.Ist. Lombardo
LXXXV (1952), pag. 278-288.

(Γ costante) è l'equazione di un tratto s, di s e se aumentando
si ottiene l'equazione di una linea che esca da σ si ha che i
coseni direttori della normale, s sono proporzionali a $\frac{\partial f}{\partial x}$, $\frac{\partial f}{\partial y}$
Perciò condizione affinchè le soluzioni di (2) non escano da
attraverso s, è che su tutto s, valga la disuguaglianza:

$$(5) \qquad \frac{\partial f}{\partial x}\dot{x} + \frac{\partial f}{\partial y}\dot{y} < 0$$

Ciò posto, tornando all'equazione (1) ammettiamo che $\varphi(x)$ e
$F(x) = \int_0^x f(x)\,dx$ tendano a $+\infty$ o $-\infty$ rispettivamente per x tendente a $+\infty$ o $-\infty$.
Inoltre supponiamo nullo l'integrale esteso ad un periodo T di
p(t); del resto ci si riduce sempre a questo caso, se quell'integrale ha il valore c$\neq$o, togliendo ad ambo i membri di (1) questa
costante divisa per T e conglobandola rispettivamente in $\varphi(x)$ e
p(t). Risulta così limitato, in valore assoluto, l'integrale da
zero a t di p(t), integrale che indicheremo con $\mathcal{P}(t)$.

E' bene osservare che le ipotési sopra esposte non sono affatte,
dal punto di vista delle applicazioni, restrittive. Infatti f(x)
per x abbastanza grande è, come si è osservato nella precedente
conferenza, sempre superiore ad un numero positivo, mentre $\varphi(x)$
si comporta in molti casi come la x. Vedremo alla fine, come queste
ipotesi si possono modificare ed allargare.

Consideriamo ora il sistema:

$$(6) \qquad \dot{x} = y \cdot F(x) + \mathcal{P}(t) \qquad\qquad \dot{y} = -\varphi(x)$$

che si riduce alla (1) derivando la prima equazione e sostituendo
in luogo di y il valore dato dalla seconda; ogni soluzione periodica di (6) lo sarà perciò anche di (1). Posto:

$$(7) \qquad \Phi(x) = \int_0^x \varphi(x)\,dx$$

per le ipotesi fatte su $\varphi(x)$ esisterà un valore d tale che per

$|x| > d$ sia x $\varphi(x)$ positiva. Si avrà perciò $\Phi(x)$ crescente per
x > d, decrescente per x < d e tendente a +∞ per x tendente a
$\overset{+}{-}$ ∞ . Si scelga poi d in modo che per x ⪈ d sia F(x) < o, per
x ≤ d, F(x) < o, inoltre per $|x| \geq d$ sia $|F(x)|$ superiore al massi-
mo di $|\mathcal{P}(t)|$. Si consideri ora la linea di equazione

$$(8) \qquad \frac{y^2}{2} + \Phi(x) - \Phi(-d) = \frac{\Gamma^2}{2}$$

dove Γ è una costante. La (7) rappresenta una curva simmetrica
rispetto all'asse x che se x < d incontra quest'asse solo nel punto
di ascisse x_1 definito dall'equazione:

$$(9) \qquad \Phi(x_1) = \Phi(-d) + \frac{\Gamma^2}{2}$$

equazione certamente risolubile perchè, se $-x_1 > d$, $\Phi(x_1) > \Phi(-d)$
$\Phi(x)$ è crescente, è il limite per x→∞ di $\Phi(x)$ vale + ∞ .
Chiameremo c l'arco di questa curva i cui punti hanno ascissa
compresa tra x e −d, gli estremi di quest'arco P_1 e P_2 hanno ovviamente ascissa −d ed ordinata $\pm\,\Gamma$ (fig.1)
Consideriamo ora due rette paral_
lele di coefficiente angolare
positivo α passante rispettivamente per P_1 e P_2. L'equazione
di queste due rette sarà:

$$(10) \qquad y \mp \Gamma = \alpha(x + d)$$

Le due rette passeranno rispettivamente per i punti P_3 e P_4
di ascissa d, ordinata $\pm\Gamma + 2\alpha d$.
Consideriamo infine la linea c_2 formata dai punti di ascissa x > d
della curva di equazione:

$$(11) \qquad \frac{(y - 2\alpha d)^2}{2} + \Phi(x) - \Phi(d) = \frac{\Gamma^2}{2}$$

Ovviamente, gli estremi di c_2 sono ancora P_3 e P_4 e, ragionando come a proposito della prima curva si vede che c è simmetrica rispetto alla retta $y=2\alpha d$ che incontra in un punto x_2 definito da una equazione del tipo (9) e non ha, come del resto la c_1, alcun punto all'infinito.

Scelte opportunamente Γ, α, le c_1 e c_2 raccordate fra loro mediante i segmenti $P_1 P_3, P_2 P_4$ delimitano un'area σ.

Per provare ciò, cominciamo col dimostrare che nessuna soluzione di (6) può uscire dal segmento $P_1 P_2$. Infatti la normale a questo segmento orientata verso l'esterno di σ ha i coseni direttori proporzionali a $-\alpha$, 1, perciò il coseno dell'angolo fra una soluzione di (6) e detta normale è proporzionale a:

$$(12) \qquad -\alpha \dot{x} + \dot{y} = -\alpha y + \alpha F(x) - \alpha \mathcal{P}(t) - \varphi(x)$$

Ora, scelto $\alpha < 1$, poichè x varia fra $-d$ e $+d$ la somma degli ultimi termini del secondo membro di (11) è inferiore al numero M che vale il massimo di $|\mathcal{P}(t)|$ per ogni t, sommato col massimo di $|F(x)| + |\varphi(x)|$ nell'intervallo $(-d,d)$. Inoltre nel segmento $P_1 P_3$ y vale al minimo Γ. Si ha così:

$$(13) \qquad -\alpha \dot{x} + \dot{y} < -\alpha \Gamma + M$$

e scelto $\alpha \Gamma$ abbastanza grande il secondo membro di (13) e di conseguenza il primo membro di tale inequazione risulta negativo; nessuna soluzione può uscire da σ attraverso $P_1 P_3$ come si è affermato. Ragionando in modo analogo[1] si prova che scelto ancora

---

(1) In questo caso il coseno dell'angolo fra la normale a $P_2 P_4$ e la soluzione di (2) è proporzionale a:

$$-\alpha \dot{x} + \dot{y} = -\alpha y + \alpha F(x) - \alpha \mathcal{P}(t) - \varphi(x)$$

$$\leq -\alpha \Gamma + M + 2d$$

$\alpha \Gamma$ abbastanza grande nessuna traiettoria può uscire da σ attraverso $P_2 P_4$. Sulle linee c_1 e c_2 il secondo membro di (5) vale:

$$(14) \qquad \varphi(x)\dot{x} + (y - 2\alpha d)\dot{y} = -\varphi(x)[F(x) - \mathcal{P}(t) - 2\alpha d]$$

$$(15) \qquad \varphi(x)\dot{x} + y\dot{y} = -\varphi(x)[F(x) - \mathcal{P}(t)]$$

Ora, poichè si è scelto d in modo che $|F(x)|$ per $|x| > d$ superi
il massimo di $|\mathcal{P}(t)|$ si può prendere d oltre che minore di uno,
così piccolo che il termine entro parentesi all'ultimo membro di
(14) sia positivo e di (15) negativo. I secondo membri di (14) e
(15) sono dunque negativi, nessuna traiettoria può uscire da c_2,
l'esistenza della soluzione periodica di (1) è così completamente
provata.

3. E' bene osservare che l'esistenza di soluzioni periodiche
di periodo T per la (1) vale come si è già accennato sotto condizioni meno restrittive di quelle ora esposte. Non è infatti necessaria alcuna ipotesi sul comportamento di $\varphi(x)$ per x tendente a
$\pm \infty$, basta supporre questa funzione dello stesso segno di x per
$|x|$ sufficientemente grande. Naturalmente occorre anche ammettere
nullo l'integrale su un periodo di p(t), perchè il ragionamento
del n° precedente, per ritenere superflua questa ipotesi, può non
essere più valido.

La dimostrazione del teorema enunciato procede come nel n°
precedente . Si deve notare però che $\Phi(x)$ non tende necessariamente all'infinito per x tendente all'infinito, perciò c_1 e c_2
possono spezzarsi in due curve senza alcun punto proprio in comune, cioè l'area delimitata da c_1 e c_2 e dai segmenti $P_1 P_3$, $P_2 P_4$
può risultare illimitata.

Questa difficoltà si supera nel seguente modo. Per fissare
le idee supponiamo che solo c_2 si spezzi in due linee ovviamente
simmetriche rispetto alla retta r parallela all'asse x; con ordi-

nata 2 α d, la distanza di queste linee da r diminuisce, essendo

ϕ (x) crescente, al crescere di x. Allora definiamo (fig.2) come

area σ quella delimitata da c_1, dai noti segmenti, e da un segmento

ℓ sulla retta x=b (b > d) compreso fra le due linee di c_2 e dai

tratti di queste durve comprese fra le rette di x=d e x=b. Per

quanto si è provato nel n° precedente, una soluzione può uscire da σ solo attraverso il
segmento ℓ; proviamo che ciò non
è possibile se b è sufficientemente
grande.

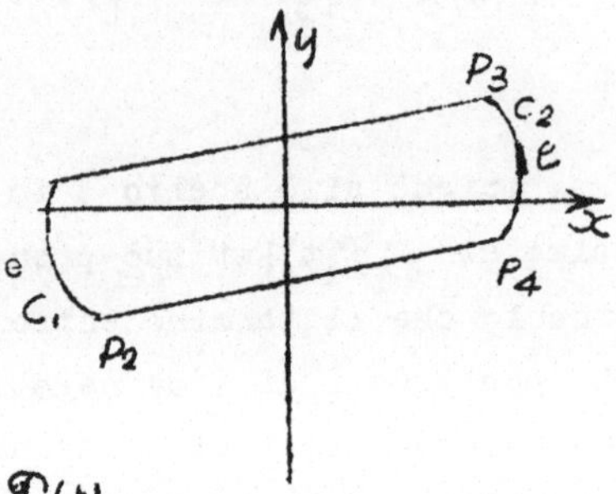

Infatti si ha, per x=b:

(16) $$\dot{x} = y - F(b) + \mathcal{T}(t)$$

Ora, poichè su ℓ il massimo valore di y decresce al crescere di b,
scelto b sufficientemente grande, F(b) sarà superiore al massimo
di y sommato con quello di $|\mathcal{T}(t)|$ cioè $\dot{x}$ sarà negativo; dal seg-
mento ℓ non esce nessuna traiettoria come si era affermato.

Poichè analoghe considerazioni possono farsi per la c_1, se
si spezza in due linee, l'estensione del teorema di esistenza di
soluzioni periodiche di (1), enunciata in questo numero, è così com
pletamente provata.

Invece, supposto ϕ(x) infinita per x $\to \pm \infty$ si ha ancora
dal numero precedente che per la validità del teorema di esistenza di soluzioni periodiche di (1) basta che F(x) sia per x sufficientemente grande dello stesso segno di x e superiore in valore
assoluto al massimo di $|\mathcal{T}(t)|$. E' interessante specie dal punto
di vista delle applicazioni, conoscere la stabilità o l'instabilità
delle soluzioni periodiche di cui si è provata l'esistenza. Di
tale questione diremo qualcosa nella prossima conferenza.

CAP. III

TEOREMI DI MEDIA E LORO APPLICAZIONI

1. Consideriamo l'equazione di Liénard:

$$(1) \qquad \ddot{x} + f(x)\dot{x} + \omega_o^2 x = 0$$

equivalente, come si è visto, se $\dot{y}=x$ all'equazione:

$$(2) \qquad \ddot{y} + F(\dot{y}) + \omega_o^2 y = 0$$

La (1) ammette, sotto condizioni che sono state specificate nella
conferenza del Prof. Sansone, soluzioni periodiche di periodo T;
d'ora innanzi la x della (1) supporremo coincidente con una di
queste soluzioni periodiche. E' allora facile vedere, integrando
(1) da zero a T, che il valore medio di queste soluzioni su un
periodo è nullo e perciò anche la y corrispondente ad una x periodica è pure funzione periodica di periodo T.

Ciò posto, moltiplichiamo la (1) per $\dot{x}$, la (2) per $\dot{y}$ ed inte-
griamo da zero a T. In altre parole applichiamo a (1) e (2) il
procedimento con cui, in meccanica, si giunge al teorema dell'energia. Si ha subito:

$$(3) \quad \int_o^T f(x)\dot{x}^2 dt = 0 \qquad (4) \quad \int_o^T F(\dot{y})\dot{y}\,dt = \int_o^T F(x)x\,dt = 0$$

I teoremi (3) e (4) sono teoremi di media per le soluzioni periodiche di (1) e possono, del resto, dedursi direttamente una dal-
l'altra. Una semplice conseguenza di (4) è che se F(x) ha sempre
lo stesso segno di x non esistono soluzioni periodiche, nella corrispondente equazione di Liénard; questo teorema è dovuto al Sansone.

2. Si possono ottenere altri teoremi di media per la (1) corrispondenti al teorema del viriale della meccanica. Si osservi

ınzitutto che posto:

$$\Psi(x) = \int f(x)\, x\, dx$$

si ha subito:

(4)
$$\int_0^T x\, f(x)\, \dot{x}\, dt = \Psi(x(T)) - \Psi(x(0))$$

mentre, con una integrazione per parti, si ha:

(5)
$$\int_0^T \ddot{x}\, x\, dt = -\int_0^T \dot{x}^2\, dt$$

Allora moltiplicando (1) per x ed integrando da zero a T si ricava:

(6)
$$\int_0^T \dot{x}^2\, dt = \omega_o^2 \int_0^T x^2\, dt$$

che è un altro teorema di media per l'equazione di Liénard.

3. Ricaviamo un'interessante conseguenza di (6). Posto poichè il valor medio di x su un periodo è nullo si ha subito il teorema [1]:

(7)
$$\int_0^T \dot{x}^2\, dt \geq \omega^2 \int_0^T x^2\, dt$$

Sostituendo in (6) si ha subito:

(8)
$$\omega^2 < \omega_o^2$$

----

(1)La dimostrazione di questa ben nota relazione può ottenersi nel seguente modo. Poichè x è periodica di periodo T con valore medio nullo si ha, sviluppandola in serie di Fourier (A_n e α_n sono costanti):

$$x = \sum_1^\infty A_n \cos(n\omega t + \alpha_n) \qquad \dot{x} = -\omega \sum_1^\infty n A_n \,\mathrm{sen}(n\omega t + \alpha_n)$$

quindi per la formula di Parseval: (segue nota pag.25)

ossia:

(9)
$$T > \frac{2\pi}{\omega_0}$$

cioè il <u>periodo delle oscillazioni non lineari è superiore a quello delle oscillazioni lineari corrispondenti</u> cioè al periodo delle soluzioni periodiche dell'equazione che si ottiene annullando nell'equazione di Liénard il termine non lineare $F(x)\dot{x}$.

Vediamo di estendere la (4) ai sistemi di equazioni di Liénard per i quali, dalle ricerche di Colombo, si può concludere, almeno in certi casi, l'esistenza di soluzioni periodiche.

Si abbia infatti il sistema:

(10)
$$a_{11}\ddot{x}_1 + a_{12}\ddot{x}_2 + f_1(x_1)\dot{x}_1 + c_{11}x_1 + c_{12}x_2 = 0$$
$$a_{21}\ddot{x}_1 + a_{22}\ddot{x}_2 + f_2(x_2)\dot{x}_2 + c_{21}x_1 + c_{22}x_2 = 0$$

in cui le costanti $a_{11}, a_{12}=a_{21}, a_{22}, c_{11}, c_{12}=c_{21}\ c_{22}$ sono tali che le forme quadratiche:

(11)
$$\mathscr{T} = a_{11}\dot{x}_1^2 + 2a_{12}\dot{x}_1\dot{x}_2 + a_{22}\dot{x}_2^2 \quad ; \quad \mathscr{U} = c_{11}x_1^2 + 2c_{11}x_1x_2 + c_{21}x_2^2$$

eno definite positive.

Siano ora x_1 e x_2 soluzioni periodiche di periodo T nel sistema (10); si moltiplichi la prima equazione del sistema per x_1, la seconda per x_2 e si integri da zero a T le equazioni così ottenute.

(segue da pag. 24)

$$\int_0^T \dot{x}^2 dt = \frac{T}{2}\omega^2 \sum_1^\infty n^2 A_n^2 \geq T\frac{\omega^2}{2}\sum_1^\infty A_n^2 = \omega^2 \int_0^T x^2 dt$$

onde la (7) del testo.

Ricordando (4) e (5) si ha:

$$(12) \qquad \int_0^T \tau \, dt = \int_0^T U \, dt$$

Ora, è ben noto che mediante una trasformazione lineare delle x in nuove variabili y , trasformazioni con coefficienti γ_{11} , γ_{12} , γ_{21} , γ_{22} cioè:

$$x_1 = \gamma_{11} y_1 + \gamma_{12} y_2 \qquad x_2 = \gamma_{21} y_1 + \gamma_{22} y_2$$

la τ ed U possono assumere forma canonica. In parole più preci- se con questa trasformazione la (12) diventa:

$$(13) \qquad \int_0^T (\dot{y}_1^2 + \dot{y}_2^2) \, dt = \int_0^T (\omega_1^2 y_1^2 + \omega_2^2 y_2^2) \, dt$$

dove ω_1 e ω_2 valgono rispettivamente $\dfrac{2\pi}{T_1}$, $\dfrac{2\pi}{T_2}$, T_1 e T_2 sono i periodi di oscillazione del sistema lineare corrispondente a (10), cioè il periodo delle oscillazioni sinusoidali nel sistema (10) in cui si ponga $f_1(x_1)=f_2(x_2)\equiv 0$. Ora per la (7), supposto $\omega_1 > \omega_2$, si ha:

$$(14) \qquad \omega^2 \int_0^T (y_1^2 + y_2^2) \, dt \leqslant \omega_1^2 \int_0^T (y_1^2 + y_2^2) \, dt$$

da cui:

$$(15) \qquad \omega^2 < \omega_1^2 \qquad T > T_1$$

cioè il <u>periodo delle oscillazioni non lineari è superiore al più</u> <u>piccolo periodo delle corrispondenti oscillazioni lineari.</u>

4. Se nella (1) in luogo di ω_1^2 si pone $-\omega_0^2$ è facile dimo- strare l'inesistenza di soluzioni periodiche per l'equazione che così si ottiene. Infatti se, per assurdo, tale equazione avesse

soluzioni periodiche, ne conseguirebbe la (6) con $-\omega_0^2$ in luogo
di ω_0^2 relazione ovviamente impossibile perchè un numero positivo
non può essere eguale ad uno negativo. Questo teorema di interesse anche pratico, perchè in casi concreti si incòntra una equazione del tipo ora esposto, si potrebbe provare anche nel seguente
modo. Se esistesse una soluzione periodica di (1) si avrebbe nel
piano delle fasi x, ẋ almeno un ciclo limite intorno all'origine,
unico punto singolare del sistema x,ẋ equivalente a (1). Ma tale
punto singolare è, come facilmente si verifica un colle che ha per
indice -1 e non può essere, per un noto teorema, interno ad un ciclo limìte che ha indice 1.

Questo ragioﬂamento non si può però trasportare ai sistemi
di equazioni di Liénard per i quali vale il teorema analogo a quello ora provato. Se le forme quadratiche $\mathcal{T}$ e U sono una definita positiva e l'altra definita negativa non esistono soluzioni
periodiche del sistema (10). Questo teorema si ottiene subito
con le nostre relazioni di media perchè se esistesse una soluzione periodica del sistema (10), varrebbe ancora la (12) relazione,
per le ipotesi fatte poco fa, manifestamente impossibile.

5. Consideriamo ora l'equazione di Liénard per le oscillazioni forﬂte.
(C e γ sono costanti, la prima di esse positiva):

$$(16) \qquad \ddot{x} + f(x)\dot{x} + \omega_0^2 x = C\cos(\omega t + \gamma)$$

e consideriamo al posto di x la soluzione periodica di periodo T
di cui nella precedente conferenza abbiamo provato l'esistenza.
Moltiplicando ancora la (15) per x, integrando ﬂa zero a T e ra-
gioﬂando come nel n° 2 troviamo:

$$(17) \qquad \int_0^T \dot{x}^2\,dt - \omega_0^2 \int_0^T x^2\,dt = -C\int_0^T x\cos(\omega t + \gamma)\,dt$$

ora da (7) si ha:

$$(18) \qquad \frac{\omega^2 - \omega_0^2}{\omega^2} \int_0^T \dot{x}^2 \, dt \leq - C \int_0^T x \cos(\omega t + \gamma) \, dt$$

Supposto, come sempre faremo in seguito:

$$(19) \qquad \omega > \omega_0$$

il primo membro di (18) e, di conseguenza, il secondo risultano positivi. Essi perciò coincidono con i loro valori assoluti. Si ha così applicando al secondo membro di (18) la formula di Schwarz e poi la (7):

$$(20) \qquad \frac{\omega^2 - \omega_0^2}{\omega^2} \int_0^T \dot{x}^2 \, dt < C \left| \int_0^T x \cos(\omega t + \gamma) \, dt \right|$$

$$C \sqrt{\int_0^T x^2 \, dt \int_0^T \cos^2(\omega t + \gamma) \, dt} \leq \frac{C}{\omega} \sqrt{\frac{T}{2}} \sqrt{\int_0^T \dot{x}^2 \, dt}$$

da cui

$$(21) \qquad \frac{1}{T} \int_0^T \dot{x}^2 \, dt < \frac{C^2 \omega^2}{2(\omega^2 - \omega_0^2)^2}$$

e, tenendo presente (7):

$$(22) \qquad \frac{1}{T} \int_0^T x^2 \, dt < \frac{C^2}{2(\omega^2 - \omega_0^2)^2}$$

Si è così ottenuto un estremo superiore per i valori efficaci di x e $\dot{x}$. Dalle (10) è facile dedurre un valore maggiorante M per il massimo di $x(\bar{t})$. Poichè $x(t)$ ha valore medio nullo , $x(t)$ si annullerà almeno due volte nell'intervallo (o,T). Poniamo l'origine in uno zero di $x(t)$, in modo che il massimo di $|x(t)|$ cada in un punto $\bar{t}$ compreso fra lo zero e lo zero successivo di $x(t)$, che supporremo si abbia per t=h, con h ovviamente minore di T.

Ora, sempre applicando la formula di Schwarz e tenendo presente (21):

$$(23) \qquad |x(t)| = \int_0^t \dot{x}\, dt \leq \quad \sqrt{\int_0^t \dot{x}^2 dt}\ \sqrt{t} \quad \leq \quad \frac{C\ \omega\ \sqrt{T}\ \sqrt{t}}{\sqrt{2}\ (\omega^2 - \omega_0^2)}$$

oppure integrando da $\bar{t}$ ad h:

$$(24) \qquad |x(t)| = \left| \int_{\bar{t}}^h \dot{x}\, dt \right| \leq \quad \frac{C\ \omega\ \sqrt{T}\ \sqrt{h-\bar{t}}}{\sqrt{2}\ (\omega^2 - \omega_0^2)}$$

ma $\bar{t}$ o $h-\bar{t}$ è inferiore a h cioè a $T/2$, quindi:

$$(25) \qquad |x(t)| \leq |x(\bar{t})| \leq \frac{C\ \omega\ T}{2(\omega^2 - \omega_0^2)} = \frac{\pi C}{\omega^2 - \omega_0^2} = M$$

La (25) dà perciò il cercato valore maggiorante per x(t).

6. Supponiamo ora che, per $|x| < M$, $f(x)$ risulti negativa, è facile dimostrare che x(t) è soluzione periodica instabile.

A questo scopo, consideriamo l'equazione:

$$(26) \qquad \ddot{y} + F(\dot{y}) + \omega_0^2\, y = 0$$

che si ottiene integrando la (16), ponendo $y = \int x\, dt$, la costante di integrazione opportunamente conglobata in y . La y corrispondente alla x periodica già considerata è pure periodica e per maggior chiarezza verrà indicata con y_0, si tenga presente $|\dot{y}_0| < M_0$ L'equazione alle variazioni della (26), ha perciò la forma:

$$(27) \qquad \delta \ddot{y} + f(\dot{y}_0)\, \delta \dot{y} + \omega_0^2\, \delta y = 0$$

e poichè $f(\dot{y}_o) < 0$ è facile vedere che gli esponenti caratteristici di questa equazione hanno parte reale positiva. Infatti per
il teorema dell'energia applicato all'equazione (27) si ha subito
che la espressione $(\ (\delta\dot{y})^2 + \omega_o^2(\delta y)^2\ )$ è funzione crescente del
tempo qualunque siano le condizioni iniziali, e ciò può accadere
solo se gli esponenti caratteristici hanno parte reale positiva come si è affermato.

Ora l'equazione alle variazioni di (16) si ottiene derivando
rispetto al tempo, (27) e ponendo $\delta x = \delta\dot{y}$, perciò i suoi esponenti caratteristici sono gli stessi di (27) ossia con parte reale
positiva. Le soluzioni periodiche sono dunque nelle nostre ipotesi, come si è già detto, instabili.

Si noti che per evitare che le soluzioni periodiche siano instabili occorre che M raggiunga valori più grandi possibili, onde
la x(t) entri nella regione dove f(x) è positiva. Occorre perciò
rendere più grande possibile C, e ω più vicino possibile a ω_o.
Ciò in accordo con le ricerche di Van der Pol che ha provato che
esistono soluzioni stabili in prossimità della risonanza, cioè per
ω molto vicina a ω_o, e che l'intervallo intorno a ω_o in cui
si hanno soluzioni stabili diventa tanto più grande quanto più
grande è l'ampiezza C della forza impressa.

. ---------- .

<u>G I U S E P P E</u>   <u>A Y M E R I C H</u>

201

———

OSCILLAZIONI PERIODICHE ED ISTERESI OSCILLATORIA
DI UN SISTEMA DI ROCARD A DUE GRADI DI LIBERTA'

————

R o m a - Istituto Matematico 1954 - R o m a

G.Aymerich

OSCILLAZIONI PERIODICHE ED ISTERESI OSCILLATORIA
DI UN SISTEMA DI ROCARD A DUE GRADI DI LIBERTA'

1.- Y. ROCARD 1 ha proposto un modello di oscillatore non lineare molto schematico che si presta bene, tuttavia, ad interpretare alcune proprietà fondamentali dei sistemi autoefficienti.

Per descrivere questo oscillatore conviene riferirsi al suo modello meccanico che è dato dall'orologio a pendolo, indicato nella fig. 1. In assenza del contrappeso Q l'equazione del moto per le piccole oscillazioni, è del tipo

$$(1) \quad \ddot{x} + 2\varepsilon\omega\dot{x} + \omega^2 x = 0; \quad (\varepsilon, \omega \text{ positivi})$$

il meccanismo dello scappamento si traduce nell'intervento di una forza impulsiva che dà luogo ad un brusco incremento della velocità $\dot{x}$ del sistema tutte le volte che esso passa per la posizione di equilibrio naturale x=0: precisamente supponiamo che l incremento di $\dot{x}$ sia +4 $x_0 (x_0 \; 0)$ se x, annullandosi, cresce e -4 x_0 nel caso opposto. Per tener conto di questo fatto conviene scrivere al posto della (1) il sistema

$$(2) \quad \dot{x} = y - \varepsilon F(x), \qquad \dot{y} = -\omega^2 x$$

essendo F(x) la funzione discontinua

$$F(x) = 2\omega\left[x - x_0 \, sgn(\dot{x})\right]$$

La F(x) è la _funzione indicatrice_ del nostro problema ed ha l'andamento rappresentato nella fig. 2, la quale mette bene in evidenza il carattere non lineare del sistema.

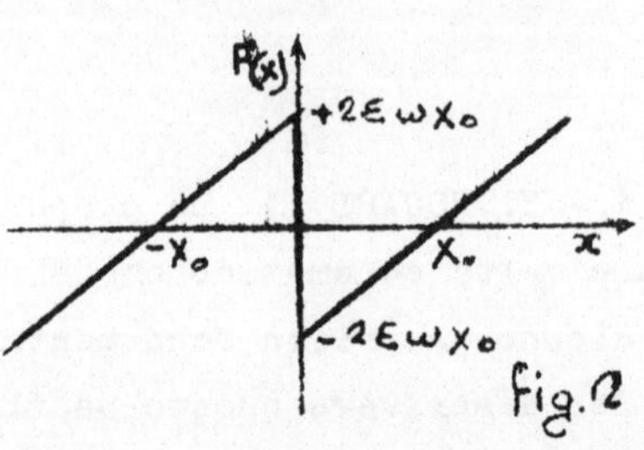

Il modello di ROCARD si può estendere facilmente al caso di due gradi di libertà, considerando un oscillatore O_1 del tipo ora descritto accoppiato capacitivamente ad un oscillatore lineare O_2. Riferendoci ancora al caso del pendolo si ha il sistema rappresentato nella fig. 3, e procedendo come sopra si perviene alle equazioni

$$\dot{x}_1 = y_1 - 2\varepsilon h_1 \left[x_1 - x_0 \, sgn\,(x_1) \right]$$

$$(3) \quad \dot{y}_1 = -\omega_1^2 x_1 - k_1 x_2$$

$$\dot{x}_2 = y_2 - 2\varepsilon h_2 x_2$$

$$\dot{y}_2 = -\omega_2^2 x_2 - K_2 x_1$$

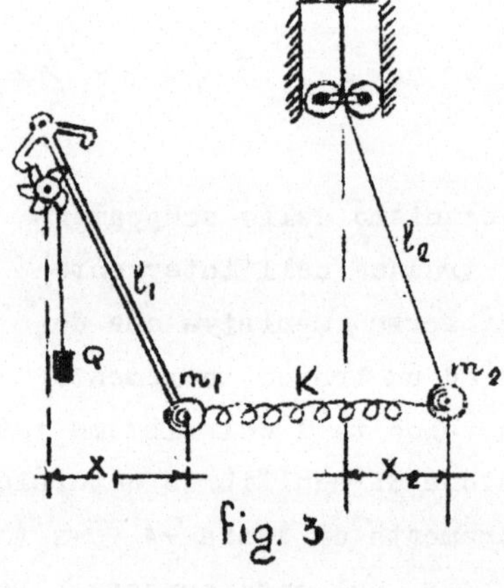

dove si è posto

$$\omega_1^2 = \frac{g}{l_2} + \frac{K}{m_1}, \quad K_1 = -\frac{K}{m_1}$$

$$(4) \quad \omega_2^2 = \frac{g}{l_2} + \frac{K}{m_2}, \quad K_2 = -\frac{K}{m_2}$$

essendo $2\varepsilon h_1$, $2\varepsilon h_2$ i coefficienti di resistenza viscosa e K il coefficiente di rigidità della molla.

Lo studio rigoroso del sistema (3) presenta gravi difficoltà che non intendiamo affrontare: a noi interessa illustrare, sulla scorta delle (3), alcune interessanti proprietà fisiche del sistema meccanico che abbiamo descritto, sopratutto il fenomeno di _jump_ e di isteresi oscillatoria, che, studiato da B. VAN DER POL, oltre trent'anni fà [2] , nel caso di due circuiti elettrici non lineari, non è stato finora, a quanto ci risulta, messo in evidenza per un sistema interamente meccanico qual'è il nostro.

Per non andare incontro alle difficoltà analitiche accennate dovremo limitarci al caso di piccola non-linearità, cioè di $\varepsilon \ll 1$, in modo che sia possibile applicare, salvo qualche lieve modifica, uno dei metodi approssimati più in uso in questioni di questo tipo, quello dovuto a KRYLOFF e BOGOLIUBOFF [3] .

2.- Ricordiamo in primo luogo che il sistema lineare che si ottiene ponendo nelle (3) $\varepsilon = 0$, ammette due oscillazioni armoniche di pulsazioni ω' ed ω'' , i cui quadrati sono le radici dell'equazione

$$\begin{vmatrix} \omega_1^2 - \omega^2 & K_1 \\ K_2 & \omega_2^2 - \omega^2 \end{vmatrix} = 0 .$$

Supposto $\neq$ $(\omega' < \omega'')$ e che ω'' non sia un multiplo intero di ω' , poniamo

(5)
$$\begin{aligned} x_i &= a_i \sin(\omega t + \varphi_i) \\ y_i &= a_i \, \omega \cos(\omega t + \varphi_i) \end{aligned} \qquad (i = 1,2)$$

dove ω coincide con ω' o con ω'' e le a_i, φ_i sono delle grandezze dipendenti, a priori, da t. Sostituendo nelle (3) si perviene ad equazioni del tipo

(6)
$$\begin{aligned} \dot{a}_1 &= \varepsilon\, F[a_1 \sin(\omega t + \varphi_1)] \sin(\omega t + \varphi_1) + F_1(a_1, a_2, \varphi_1, \varphi_2; t), \\ \dot{a}_2 &= 2\varepsilon\, h_2\, a_2 \sin^2(\omega t + \varphi_2) + F_2(a_1, \dots), \\ a_1 \dot{\varphi}_1 &= \varepsilon\, F[a_1 \sin(\omega t + \varphi_1)] \cos(\omega t + \varphi_1) + G_1(a_1, \dots), \\ a_2 \dot{\varphi}_2 &= \varepsilon\, h_2 \sin 2(\omega t + \varphi_2) + G_2(a_1, \dots), \end{aligned}$$

dove le espressioni esplicite di $F_1(a_1,\dots,t),\dots$, che si ottengono facilmente, per il momento hanno scarso interesse. Osserviamo piut<u>t</u>

tosto che se fosse ε =0 esisterebbero certamente dei valori
a_i^0, φ_i^0 (i=1,2), che, attribuiti alle a_i, φ_i annullerebbero i secondi membri delle (6): infatti in questa ipotesi il sistema (3)
è lineare ed ammette delle oscillazioni armoniche con pulsazioni
ω' od ω''. Per $\neq 0$ ma molto piccolo e se i valori iniziali
delle a_i e φ_i^* sono sufficientemente prossimi ad a_1^0 e φ_i^0 i secondi
membri delle (6) nell'intervallo (0, $\frac{2\pi}{\omega}$) si mantengono dell'ordine di ε . Nei riguardi delle soluzioni corrispondenti a tali
valori iniziali è lecito pertanto applicare le approssimazioni
consuete del metodo di KRYLOFF e BOGOLIUBOFF, ottenendosi così le
equazioni di prima approssimazione

$$(7)\quad
\begin{aligned}
\dot{a}_1 &= -\varepsilon h_1\left(a_1 - a_0\right) - \frac{K_1\, a_2}{2\omega}\sin\varphi \\
\dot{a}_2 &= -\varepsilon h_2\, a_2 + \frac{K_2\, a_1}{2\omega}\sin\varphi \\
a_1\dot{\varphi}_1 &= \frac{\omega_1^2 - \omega^2}{2\omega}\, a_1 + \frac{K_1\, a_2}{2\omega}\cos\varphi \\
a_2\dot{\varphi}_2 &= \frac{\omega_2^2 - \omega^2}{2\omega}\, a_2 + \frac{K_2\, a_1}{2\omega}\cos\varphi
\end{aligned}$$

dove con φ si è indicato lo **sfasamento** $\varphi_2-\varphi_1$ ed a_0 è una costante
positiva opportuna.

La ricerca delle soluzioni periodiche delle (1) è così ricondot-
ta, in prima approssimazione, a quella delle soluzioni statiche
delle (6). Annullando i secondi membri si ottiene una sola terna
di valori a_1^* , a_2^* , φ^*, dipendenti da ω ; e poichè ω può assumere due valori distinti si può concludere che sono possibili due
oscillazioni periodiche, che indicheremo in seguito con M' ed M"
a seconda che il corrispondente periodo sia $T'=\frac{2\pi}{\omega'}$ oppure
$T''=\frac{2\pi}{\omega''}$.

3.- La stabilità delle soluzioni periodiche sopra considerate
può studiarsi scrivendo le equazioni alle variazioni delle (7) relative alle soluzioni statiche accennate. Fatti i calcoli si ri-
conosce che condizione necessaria e sufficiente per la stabilità

(lineare) è che

$$(8) \quad \frac{h_1}{h_2} > \Phi(\omega) = \frac{(\omega_1^2 - \omega^2)^2 - 2(\omega_2^2 - \omega^2)^2}{4K^2}, \quad (K^2 = K_1 K_2)$$

Sostituendo ω'^2 od ω''^2 al posto di ω^2, $\Phi(\omega)$ assume due determinazioni distinte espresse in funzione dei soli parametri $\delta = \omega_2^2 - \omega_1^2$ e $K \cdot \sqrt{K_1 K_2}$; d'altra parte ricordando le (4) e supponen do di poter attribuire alla lunghezza 1_2 del secondo pendolo valori diversi senza alterare le altre grandezze fisiche e geometri che del sistema (ad es. mediante il dispositivo accennato nella fig. 3) si vede che è possibile far variare δ mantenendo fisso k. Tracciati allora, per un dato valore di k, i diagrammi di $\Phi(\omega')$ e di $\Phi(\omega'')$ in funzione di δ, è possibile studiare la stabilità dei moti M' ed M" in modo analogo a quello seguito dal VAN DER POL. Tenendo presente la fig. 4 si deduce facilmente che possono verificarsi le seguenti eventualità:

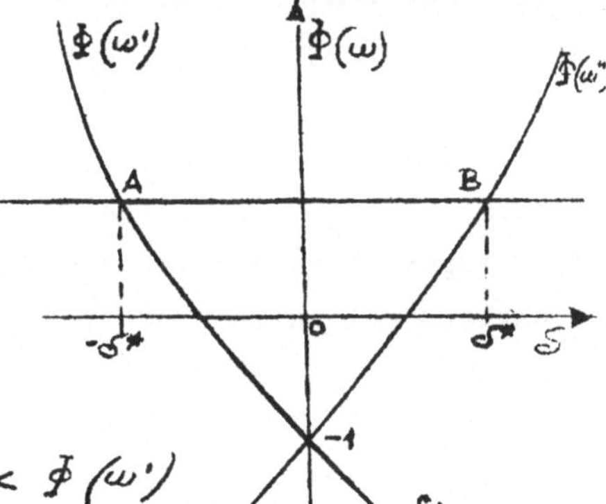

1°) $\delta < -\delta^*$: $\frac{h_1}{h_2} > \Phi(\omega'')$, $\frac{h_1}{h_2} < \Phi(\omega')$

M' instabile, M" stabile

2°) $-\delta < \delta < \delta^*$: $\frac{h_1}{h_2} > \Phi(\omega')$, $\frac{h_1}{h_2} > \Phi(\omega'')$

M' ed M" stabili

3°) $\delta > \delta^*$: $\frac{h_1}{h_2} > \Phi(\omega')$, $\frac{h_1}{h_2} < \Phi(\omega')$

M' stabile ed M" instabile

Ne segue che esistono due <u>valori critici</u> di 1_2, diciamoli $1_2'$ ed $1_2''$, dati dalle relazioni

$$\frac{1}{\ell_2'} = \frac{1}{\ell_1} + \frac{K}{g}\left(\frac{1}{m'} - \frac{1}{m_2}\right) + \frac{\sigma^*}{g} \cdot \qquad \frac{1}{\ell_2''} = \frac{1}{\ell_1} + \frac{K}{g}\left(\frac{1}{m_1} - \frac{1}{m_2}\right) - \frac{\sigma^*}{g}$$

che definiscono gli intervalli di stabilità di M' e di M" secondo la fig.5 (gli intervalli di stabilità sono tracciati a tratto grosso).

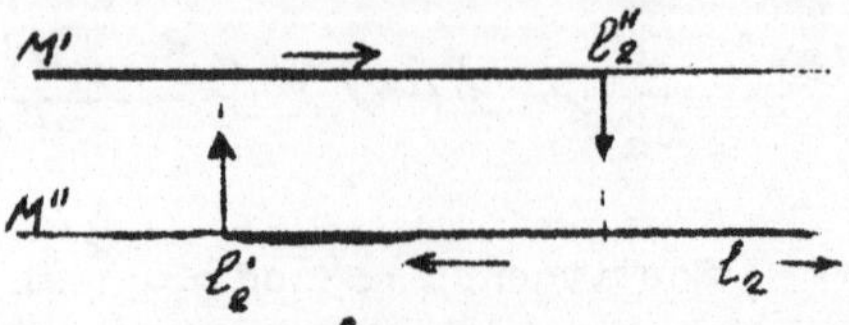

fig. 5

In base a questi risultati è lecito prevedere per il nostro sistema meccanico un fenomeno di __jump__ e di isteresi oscillatoria, che speriamo possa essere confermato sperimentalmente. Supponiamo p.es. che inizialmente sia $\ell_2 < \ell_2'$: il sistema dopo una eventuale fase transitoria, si stabilizzerà sulla oscillazione periodica $\underline{M}_1'$ che per questi valori di 1_2 è la sola stabile. Se si fa crescere gradualmente 1_2, (senza turbare il moto), tale modo di oscillazione si conserverà, variando il periodo T' con continuità insieme con 1_2, fino a quando non venga raggiunta la lunghezza $1_2''$; superato questo valore il sistema passerà bruscamente ad oscillare col periodo T'', essendo in queste condizioni stabile soltanto $\underline{M}_1''$ Se adesso si fa diminuire 1_2 è chiaro che il moto $\underline{M}''$ si conserverà oltre il punto in cui precedentemente è avvenuto il salto, dato che $\underline{M}''$ è stabile anche per 1_2 compreso tra $1_2'$ ed $1_2''$. Soltanto quando 1_2 sarà diventato inferiore ad ℓ_1' il sistema ritornerà, con un nuovo salto, al periodo primitivo T' .

B i b l i o g r a f i a

1   Y ROCARD,- Relaxation, synchronisation et demultiplication de frequence, L'onde electrique. XVI (1937), oppure Dynamique generale des vibrations, Masson, Paris, 1949, p. 302, V. anche

D. GRAFFI,- Sul modello di ROCARD per le oscillazioni di rilassamento, Atti dell'Acc. delle Sc. di Ferrara, 1942.

2   B.VAN DER POL,- On oscillation hysteresis in a triode generator with two degrees of freedom, Phil. Mag. XLIII (1922).

3   N. MINORSKY,- Introduction to non linear Mechanics, Edwards, Ann Arbor, 1947,Chap. X.

4   G. AYMERICH,- Oscillazioni periodiche ed isteresi osdillatoria di un sistema di ROCARD a due gradi di libertà, Rend. Sem. della Fac. di Sc., Cagliari, XXIV (1954), f. 1/2.

G I U S E P P E   C O L O M B O

SUI SISTEMI AUTONOMI DI ORDINE SUPERIORE AL SE-
CONDO

Roma - Istituto Matematico 1954 - Roma

SUI SISTEMI AUTONOMI DI ORDINE SUPERIORE AL
SECONDO

Nel corso dei Seminari tenuti dai Proff. Sansone e Graffi, cui
va la mia riconoscenza per avermi chiamato a parlare quì, sono sta-
ti trattati i sistemi autonomi del secondo ordine e specificatamen-
te il sistema di Liénard che ne è un classico esempio.

Nell'intento di dare qualche idea delle difficoltà che si incontrano quando si passa ai sistemi autonomi di ordine superiore al
secondo tratteremo, e ne daremo esempio concreto di applicazioni a
problemi fisici, in una prima parte i sistemi del III° ordine ed in
una seconda quelli del IV°. Rileviamo subito che scopo preciso
del nostro studio, che si svolge nell'ambito delle vibrazioni non-
lineari, è la ricerca di soluzioni periodiche e lo studio qualitativo della loro natura.

PARTE I:

SISTEMI AUTONOMI DEL III° ORDINE

1. - Nella trattazione dei sistemi autonomi del secondo ordine è di
grande aiuto la possibilità di sfruttare la rappresentazione geometrica sul piano delle fasi. Il passaggio ai sistemi autonomi del
terzo ordine comporta una complicazione che non è soltanto forma-
le ma che è nella natura stessa del problema, complicazione che
risulta chiara dalla rappresentazione geometrica nello spazio ordinario, come apparità nel corso dello studio che faremo qui di seguito.

Il teorema di Bendixon che gioca un ruolo essenziale nel problema esistenziale delle soluzioni periodiche per i sistemi del secondo ordine autonomi ha una sua semplice estensione, già riscontra-
ta da Poincaré, nel passaggio dal piano allo spazio ordinario, ma
la sua applicabilità è di notevole difficoltà.

Il teorema cui alludo è il seguente[1]:

Si consideri il sistema autonomo:

$$(1) \qquad \frac{d x_i}{d t} = X_i (x_i, x_2, x_3) \qquad (i = 1,2,3)$$

ove supponiamo per semplicità le X_i funzioni analitiche in tutto
lo spazio $S(x_1, x_2, x_3)$. Esso definisce in S un insieme ∞^2 di
traiettorie (linee di flusso e contemporaneamente di corrente di un
fluido in cui il vettore $\underline{X}$ rappresenta in forma euleriana la velocità), tali che per ogni suo punto, esclusi i punti singolari
(quelli cioè di coordinate soddisfacenti al sistema $X_i = 0$) ne passa una ed una sola.

Si supponga, ebbene , di poter determinare in S una regione
R di frontiera F, topologicamente equivalente ad un tono, soddisfacente alle seguenti proprietà:

a) In ongi punto di F il vettore $\underline{X}$ è orientato verso la regione
R.

b) In R non vi sono punti singolari di 1).

c) Esiste una famiglia ∞^1 di sezioni meridiane, che non rompo-
no cioè la connessione del toro, prive di punti in comune e tali
che per ogni punto di R ne passi una sola superficie che siano prive di contatto rispetto ad 1), nel senso che nessun punto di R,
$\underline{X}$ sia tangente a quella di esse che passa per quel punto.

Allora considerata una delle sezioni meridiane Σ , ed un
suo punto P qualunque, la traiettoria uscente da P rincontra Σ in
un punto P' ed il teorema di Brouwer, applicato alla trasformazione $P' = \tau(P)$ di Σ in se, prova l'esistenza di un ciclo.

Formalmente dunque, a parte la difficoltà pratica della determinazione della regione R, il problema esistenziale può dirsi
in qualche modo risolto nel senso che è dato un teorema idoneo al
lo scopo. Vorremmo però fare due osservazioni che ci sembrano

interessanti. La prima è che le ipotesi a) e b) sembra non siano
sufficienti aome succede per il teorema di Bendixon. Non mi consta
che l'ipotesi non lieve c) sia stata tolta o che ne sia stata dimostrata la sua necessità. La seconda è che questo teorema è certamente in linea teorica applicabile tutte le volte che esista un
ciclo asintoticamente stabile, perchè la stabilità asintotica
di un ciclo comporta, per definizione, l'esistenza di una regione
del tipo di R, ma che non vale il reciproco, come succede nel
caso piano, cioè non è vero, che l'esistenza di una regione del
tipo di R comporti necessariamente l'esistenza di un _ciclo stabi-
le_.

E' proprio sulla questione della stabilità (ed anche dell'unicità) che accadono le più grandi complicazioni. Ma su questi punti torneremo più avanti.

Faremo per ora vedere come in un caso concreto, di interesse
fisico, si possa dimostrare l'esistenza di un ciclo senza proce-
dere direttamente alla determinazione completa di una regione del
tipo di R. Una notevole generalizzazione del teorema di Brouwer
dovuta a Levinson-Massera serve giusto allo scopo.   [2]

2. - Si consideri il seguente sistema automomo del terzo ordine:

$$2) \quad \begin{cases} \dfrac{d x_1}{d t} = x_2 - a\, f(x_1), \\[2mm] \dfrac{d x_2}{d t} = x_3, \\[2mm] \dfrac{d x_3}{d t} = -b\, x_3 + \alpha a\, x_2 - (\alpha a^2 + \beta)\, f(x_1). \end{cases}$$

La x_1 rappresenta a meno di una costante l'intensità della
corrente che circola nel circuito di griglia di un oscillatore
triodico. L'unico elemento non lineare è la valvola triodica e la
funzione $f(x_1)$ è legata alla sua curva caratteristica. Il suo an-

damento è rappresentato in fig.1). In relazione alla sua natura
e tenuto conto delle esigenze
della schematizzazione facciamo
sulla $f(x_1)$ le seguenti ipotesi
(di cui qualcuna non è essenziale).

3) $f(o)=0, \ f'(x) > 0$

$\quad x \ f''(x) > 0, \ \lim\limits_{n \to +\infty} \dfrac{f(x)}{x} = \infty$.

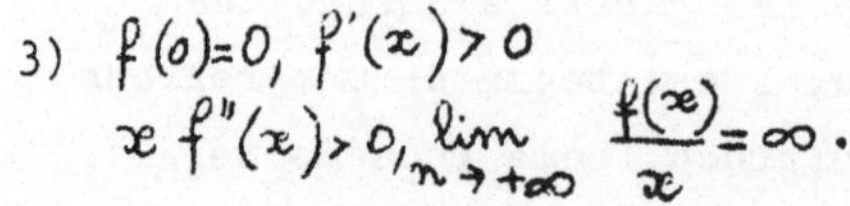

Inoltre supponiamo che i coefficienti costanti, del sistema
2) soddisfino ad alcune ipotesi
qualitative la più importante delle quali assicura l'instabilità
dell'unico punto singolare, che coincide con l'origine delle coordinate.

Si comincia con l'osservare che le tre superficie, le cui
equazioni si ottengono annullando i secondi membri di 2), sono
superficie aperte che dividono lo spazio in 8 regioni che dal punto
di vista topologico possono considerarsi come gli 8 ottanti in
cui lo spazio è diviso dai piani coordinati. Le tre superficie sono rappresentate assonometricamente in fig. 2).

Di queste otto regioni se ne prendono in considerazione 2 op-
poste, precisamente quelle che contengono l'ottante (+ - +) e
l'ottante (- + -) e che denotiamo con Ω e Ω' .
Se dallo spazio S si tolgono i
punti interni ad Ω ed Ω' si
ottiene una regione $\mathcal{V}$ che è
quella in cui d'ora in poi si
ragiona. Si comincia a provare
che le traiettorie che escono da
un generico punto della frontie
ra di $\mathcal{V}$ (escluso O) penetra
no al crescere di t in $\mathcal{V}$.

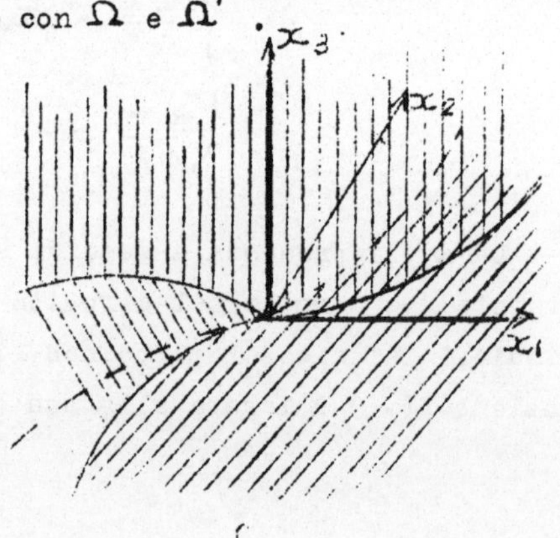

Si passa poi all'analisi del punto singolare che come abbiamo detto coincide con l'origine e si dimostra che nelle condizioni in cui
ci si è posti esso è un colle o un colle-fuoco secondo la nomen-
clatura di Poincaré. [3] Le uniche due traiettorie che per $t \to +\infty$
tendono all'origine, provengono da Ω e da Ω' , mentre quelle
che provengono per t crescente dall'origine sono quelle che escono tangenzialmente ad un piano contenuto in $\mathcal{V}$.

Tanto basta per determinare un intorno $\mathcal{J}$ completo di σ
tale che tolti da $\mathcal{V}$ i punti interni ad $\mathcal{J}$ la regione R^* che così
si ottiene ha per frontiera una superficie di sezione per le
traiettorie nel senso che la traiettoria (unica) che passa per un
suo generico punto penetra al crescere di t in R^* . Si noti che
R^* non è semplicemente connessa.

Si trovano ora facilmente due superficie di sezione meridia-
ne precisamente quelle costituite dalle regioni σ_1 , σ_2 del piano $x_3=0$ (vedi fig.3) i cui punti sono interni ad R^* e dalle linee
che le delimitano.

Si considera una di queste sezioni, quella σ_1 (per farne
le idee) corrispondente ai valori negativi di x_2 e si dimostra
che la soluzione uscente da un suo generico punto P_0 soddisfacente
alla $x_2^0 > -\gamma$ (γ numero posi-
tivo opportuno e ben determinato)
gode della proprietà che in corrispondenza
ad essa le x_1,x_3 si mantengono
in modulo limitate mentre il
$\max\lim |x_2|$ è minore di γ .

Si considera ora la regio-
ne σ_1^* definita come luogo dei
punti di σ_1 per cui è $x_2 > -\gamma$
ed un suo generico punto P_0.
La traiettoria uscente da P_0
penetra, sempre restando in
R^* nel semispazio $x_3 < 0$, come
si prova facilmente, indi attra-

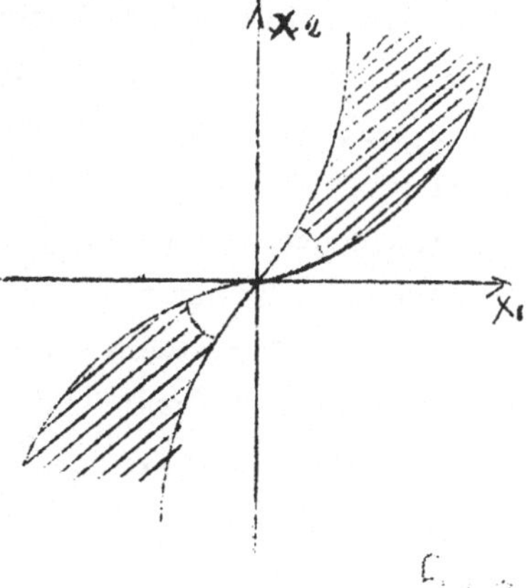

                    G.Colombo

versa $\tilde{\sigma}_2$ penetrando nel semispazio $x_3 < 0$, e successivamente riattraversa σ_1' in un punto P_1 passando dal semispazio $x_3 < 0$ a quello $x_3 > 0$ e così via. Dopo un certo numero certamente finito di
incontri con $\tilde{\sigma}_1$, tenuto conto che il maxlim $|x_2| < \gamma$, la traiet-
toria finirà per attraversare successivamente $\tilde{\sigma}_1$ in un punto interno a $\tilde{\sigma}_1^*$.

Facilmente ora si prova che esiste un N tale che la traietto-
ria che esce da un generico punto P di $\tilde{\sigma}_1^*$ dopo aver fatto N giri
attraversa successivamente $\tilde{\sigma}_1$ sempre in un punto interno a $\tilde{\sigma}_1^*$.

Basta per concludere e richiamare il seguente teorema di
Levinson-Massera: [4]

Una trasformazione topologica $\mathcal{T}$ del piano in se per cui
esiste una cella σ_1^* ed un N tale che per $n > N$ risulti
$\mathcal{T}^w(\sigma_1^*) \in \sigma_1^*$, ammette certamente un punto unito.

Si pensi infatti alla trasformazione di $\tilde{\sigma}_1^*$ che si ottiene
associando a ciascun punto P di $\tilde{\sigma}_1^*$ quel punto P_1 di $\tilde{\sigma}_1$ in cui
la traiettoria $\gamma(P)$ uscente da P rincontra per la prima volta
σ_1' ; la denoteremo con $P_1 = \mathcal{T}(P)$. Con $P_n = \mathcal{T}(P)$ ovviamente indicheremo quella che associa a ciascun punto di   il punto P_n in cui
$\gamma(P)$ incontra $\tilde{\sigma}_1$ per la ennesima volta. Sarà allora $\mathcal{T}^n(\tilde{\sigma}_1^*) \in \tilde{\sigma}_1^*$
per ogni $n > N$ ed il teorema di cui sopra assicura l'esistenza
di un ciclo semplicemente concatenato con lo spazio R.

3. - Si pone ora il problema della unicità e della stabilità del
ciclo come per i sistemi del secondo ordine. Abbiamo già all'ini-
zio accennato che questo problema è di notevole complessità. Vogliamo qui solo mettere in evidenza quello che si può dire a questo
proposito:

Si presentano spontanei per questo studio alcuni metodi di
cui ricorderemo i seguenti:

a) Scrivere formalmente l'equazioni alle variazioni relative
al ciclo a cercare di stabilire qualitativamente la natura degli
esponenti caratteristici.

b) Studiare il massimo dominio invariante D nella trasforma-zione $\mathcal{T}$ di G_1^{π} definita sopra.

Possiamo sen'altro escludere la possibilità a) anche se la conoscenza di un esponente caratteristico (nullo) può sembrare che abbassi il grado di difficoltà del problema. Basta pensare ai pochi e debolissimi criteri esistenti (vedi criterio di Liapounoff) per riconoscere la natura degli esponenti caratteristici di una equazione differenziale lineare del secondo ordine a coefficienti periodici.

Per quanto riguarda il metodo b) c'è molto da dire. E' noto che dominio D è un continuo, in questo caso aciclico, soddisfacen-te alla

$$\mathcal{T}(D) \equiv D$$

nel senso che se un punto P appartiene a D vi appartiene anche il suo trasformato ad ogni punto di D è il trasformato di un punto di D. Il dominio D contiene punti uniti in $\mathcal{T}$ (almeno uno), i punti uniti in $\mathcal{T}^{\mu}$ che non sono uniti in $\mathcal{T}$, ed infine i punti ricorrenti. [5]

Ai punti uniti in $\mathcal{T}$ corrispondono cicli semplici, ai punti uniti in $\mathcal{T}^{\mu}$ corrispondono cicli che si chiudono dopo n giri. Un punto P si dice ricorrente se per ogni $\rho > 0$ esistono infiniti valori di n per cui $\mathcal{T}^{\mu}$(P) giace nel cerchio di centro P e raggio ρ . A certi tipi di punti ricorrenti corrispondono soluzioni quasi periodiche.

La natura di D può essere molto complessa. Può darsi infatti che la frontiera di D sia molto complicata ed esempi in questo senso esistono e sono molto significativi. Un criterio che assi-cura l'analicità della frontiera è stato recentemente dato dal prof. Amerio. [6] Non ho potuto ancora valutare completamente

la difficoltà di applicazione, in questi casi, di questo criterio, che richiede lo studio del sistema differenziale nel campò
complesso.

Si può dare un'idea della complessità della questione anche
restando nei casi più semplici. Ne riporteremo qualcuno facendo
vedere come la questione sia sotto certi aspetti, elegante e sug-
gestiva:

a) L'insieme D si riduce ad un unico punto P: è il caso del-
l'unicità e stabilità della s.p. Infatti ogni intorno di P si
contrae.

b) L'insieme D si riduce ad una bicella C_2 a frontiera anali-
tica regolare. La frontiera $F(C_2)$ è trasformata in se da $\mathcal{C}$ e
le traiettorie che escono dai suoi punti stanno sopra una superficie, del tipo del toro. Si possono al riguardo di queste soluzioni ripetere le considerazioni dovute a Poincaré , Denjoy,
Bikkoff [7] sulle soluzioni di una equazione differenziale sulle
superficie del toro. Si presentano i casi di quasi ergodicità o
periodicità. O nessuna di queste traiettorie è chiusa (caso quasi periodico) o qualcuna è chiusa e le altre   tendono a queste,
a seconda delle razionalità o irrazionalità di un certo coefficiente legato alla struttura della equazione differenziale. Le
traiettorie uscenti da punti di $\mathcal{C}_2$ non appartenenti a C_2 tendono
asintoticamente ad una di queste soluzioni sulla superficie del

c) L'insieme invariante si riduce ad un arco aperto di curva A B semplice estremi compresi. Le traiettorie che escono dai
punti di questo arco, generano un nastro che può essere bilatero
o unilatero. Se è bilatero gli estremi A e B si trasformano in
se e corrispondono a cicli semplici che in generale sono stabili.
Se il nastro è unilatero (nastro di Möbius) allora B= $\mathcal{C}$ (A) ed
A= $\mathcal{C}$ (B) a questi punti corrisponde un unico ciclo (contorno del
nastro di Möbius) che si chiude dopo due giri. Esso è in generale stabile. Se è unico il punto P^* di AB unito in $\mathcal{C}$ ad esso corrisponde un ciclo instabile (inversamente instabile). In fig.4),

c) è rappresentata una successione di punti $\mathcal{T}^{\mu}(P)$ relativa a questo caso.

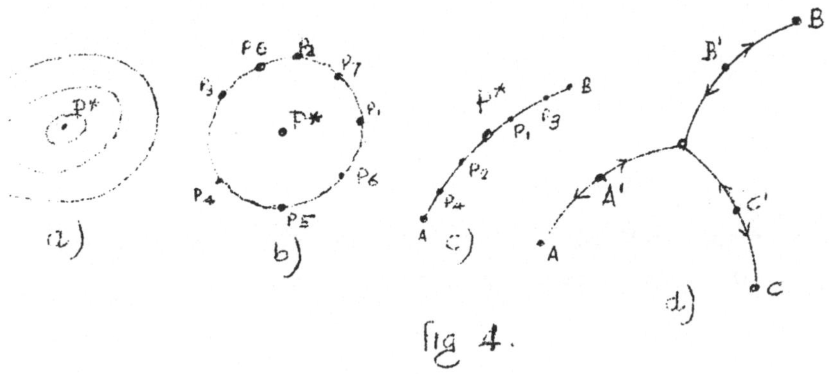

d) L insieme D è della forma d), fig.4). Possono aversi cicli sempliciiin corrispondenza al caso in cui A,B,C siano uniti in $\mathcal{T}$; oppure può darsi che sia $\mathcal{T}(A)=B$, $\mathcal{T}(B)=\mathbb{C}$, $\mathcal{T}(C)=\mathcal{T}^3(A)=A$ In questo caso si ha un ciclo che si chiude dopo tre giri. Se P_0 è l'unico punto unito in $\mathcal{T}$, ad esso corrisponde un ciclo direttamente stabile ed oltre ad A,B,C si hanno tre punti uniti in $\mathcal{T}^3$: A',B',C' cui corrisponde un ciclo instabile che si chiude dopo tre giri, mentre è stabile il ciclo corrispondente ai punti A,B,C.

Nel caso specifico nostro si può escludere, come faremo vedere qui sotto, l eventualità b) e con ciò, se si potessero escludere casi più complicati, si sarebbe provata l'esistenza di almeno un ciclo stabile, magari non semplice.

Se si considerano le equazioni del sistema 2) come equazioni

differenziali in forma euleriana del moto di un fluido si ha per
il teorema della divergente per ogni generico campo $\mathcal{C}$

$$\frac{d\,\mathcal{C}}{d\,t} = \int_{\mathcal{C}(t)} \left(\frac{\partial X_1}{\partial x_1} + \frac{\partial X_2}{\partial x_2} + \frac{\partial X_3}{\partial x_4} \right) d\,\mathcal{C},$$

che tenuto conto di 2), porge

$$\frac{d\,\mathcal{C}}{d\,t} = -\int_{\mathcal{C}(t)} \left(f'(x_1) + b \right) d\,\mathcal{C}$$

e poichè f'(x₁)+b $\gg$ K $>$0, , $\mathcal{C}(t)$ è decrescente, anzi si prova subito che C(t) tende a zero per $t \to +\infty$.   Infatti è

$$\frac{d\,\mathcal{C}}{d\,t} < - k\,a\,\mathcal{C},$$

donde

$$C(t) < C_0\, e^{-Kat}$$

la quale prova l'asserto. Orbene nel caso b) la regione del tipo del toro, coperta dalle traiettorie uscenti dai punti di D, è
invariante rispetto a t quindi il suo volume non può tendere a
zero. Si esclude così il caso b).

      Resta quindi il problema di escludere i casi complessi.
Forse una analisi geometrica approfondita del sistema 1), che ho
già intrapresa, può portare a concludere nel senso della unicità
e stabilità.

PARTE SECONDA.

1. - Le difficoltà riscontrate nel passaggio dai sistemi del secondo ordine a quelli del terzo diventano, passando ai sistemi
del quarto ordine molto più grandi perchè l'intuizione geometrica
dà uno scarso aiuto e molto spesso trae in inganno. Però poichè
la parità o disparità delle dimensioni gioca certamente un importante ruolo è da prevedere che qualche proprietà dei sistemi
del secondo ordine, perduta nel passaggio al terzo, ricompaia nei
sistemi autonomi del quarto ordine cioè del tipo

$$4) \qquad \frac{d x_i}{d t} = X_i \left(x_1, x_2, x_3, x_4 \right) \qquad (i = 1,2,3,4)$$

In uno spazio S_4 il ruolo giocato dalla regione topologicamente equivalente alla corona circolare nell'S_2 , alla quale si
applica il teorema di Bendixon, ed alla regione di forma toroidale dell'S_3 cui si applica il corrispondente criterio, ha la sua
naturale estensione sulla regione dell'S_4 , che diremo ancora toroidale, prodotto topologico di una curva semplice chiusa per una
tricella C_3 di opportune dimensioni.
   E' quindi ormai ovvia l'estensione all'S_4 , in questo senso,
dei criteri, usati nell'S_2 ed S_3 per la ricerca di soluzioni
periodiche. Sia infatti R una regione toroidale dell'S_4 che in
relazione al sistema 4), in cui supponiamo, per semplicità, le
X_i analitiche in tutto lo spazio, soddisfi alle seguenti condizioni:
   a) Ogni traiettoria passante per un punto della frontiera
di R penetra in R al crescere di t.
   b) In R non vi siano punti singolari di 4).
   In generale, non si riesce solo in base alle ipotesi a), b)
a stabilire l'esistenza di una tricella C_3^* , sezione meridiana di
R con una ipersuperficie, che sia priva di contatto e tale che
ogni traiettoria uscente da un suo generico punto P riattraversi

C_3^* in un punto P'. Se ciò è possibile, in base anche alla particolare forma di 4), il teorema di Brouwer applicato alla trasformazione P'= $\mathscr{C}$(P) permette di dedurre l'esistenza di una soluzione
periodica.

E' ben noto che anche il teorema di Bendixon si può ridurre
alla semplice applicazione del teorema di Brouwer alla trasformazione di un arco semplice aperto in se. Così come la corona circolare serve a determinare, in sostanza, questo arco, l'esistenza della regione R che gode delle proprietà a), b) serve solo a determinare la tricella C_3^* che gode della proprietà detta sopra, ma
nell'$\mathscr{S}_4$, come nell'$\mathscr{S}_3$, non basta.

E' a questo punto che risulta spontaneo pensare ad un'altra
estensione del teorema di Bendixon possibile nell' $\mathscr{S}_4$ ma non
nell' $\mathscr{S}_3$. Ma su questo punto intendiamo ritornare più diffusa-
mente in seguito dopo che avremo dato un esempio concreto di applicazione del criterio esposto più sopra.

2. - Si consideri il seguente sistema non-lineare $[8]$

$$5) \quad \begin{cases} \ddot{x}+\alpha(x^2-1)\dot{x}+\omega_1^2 x = m y \\ \ddot{y}+\beta(y^2-1)\dot{y}+\omega_2^2 y = n x \end{cases}$$

con α e β costanti positive. Esso rappresenta un sistema dinami-
co in due gradi di libertà ottenuto accoppiando capacitivamente
due sistemi autonomi del tipo di Van der Pol.

Basta ovviamente porre $x=x_1$, $\dot{x}=x_2$, $y=x_3$, $\dot{y}=x_4$ poichè 5) assume la forma 4).

Si dimostra dapprima un teorema relativo all equazione

$$6) \quad \ddot{x}+\alpha(x^2-1)x+x=e(t)$$

Se $\left|e(t)\right|<\frac{1}{3}$ ed $\alpha>\alpha_0$, dove α_0 è un valore positivo dipen-
dente dal massimo di $\left|e(t)\right|$ e che tende a zero con il tendere a

zero di questo massimo) si può determinare una curva semplice chiusa Γ , del piano (x_1,x_2) $(x_1=x, x_2=\dot{x})$, simmetrica rispetto all'origine O , delimitante una regione finita R_1, tale che se P è un punto di Γ_1 , tutta la semitraiettoria $\gamma^+(P)$ non ha all'infuori di P punti in comune con R_1.

Analogamente per una equazione del tipo 3) qualunque siano α e max $|e(t)|$ si può sempre determinare una curva $\vec{\Gamma_2}$ del piano (x_1,x_2), chiusa, simmetrica rispetto all'origine O , tale che se P è un suo punto la semitraiettoria $\gamma^+(P)$ appartiene completamente alla regione finita R_2 delimitata da Γ_2.

Tenuto conto dei due teoremi enunciati qui sopra si può dunque stabilire il seguente teorema che è fondamentale per quel che segue:

<u>Teorema</u>. Se $|e(t)| < \frac{1}{3}$ e $\alpha > \alpha_o$ si può determinare una regione $R_1^{\times}$ del piano (x_1,x_2), topologicamente equivalente ad una corona circolare, (vedi fig.4) e precisamente la regione interna a Γ_2' ed esterna a Γ_1' tale che detto P un generico punto di R_1^{*} la semitraiettoria $\gamma^+(P)$ è tutta contenuta in R_1^{*}.

Consideriamo ora il sistema 5); possiamo sempre con una scelta opportuna di variabile indipendente ridurlo alla forma:

$$7)\qquad \begin{cases} \ddot{x} + \alpha\left(x^2-1\right)\dot{x} + x = m\,y \\ \ddot{y} + \beta\left(y^2-1\right)\dot{y} + \omega^2 y = n\,x \end{cases}$$

Si determini in relazione all'equazione 6) la regione R_1^{*}, in relazione al valore massimo $|\bar{x}_1|$ di $|x_1|$ in R_1^{*} si consideri l equazione

$$8)\qquad \ddot{y} + \beta\left(y^2-1\right)\dot{y} + \omega^2 y = e(t)$$

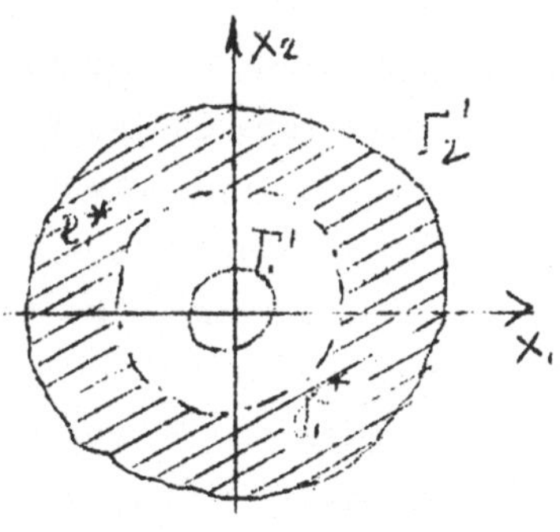

fig.4.

con $\left| e(t) \le n \left| \bar{x}_1 \right| \right.$. Si determini quindi la curva $\vec{\Gamma_2}''$ semplice chiusa del piano ($x_3=y$, $x_4=\dot{y}$), (e questo è sempre possibile farlo come abbiamo detto più sopra), tale che detto P un generico punto nella bicella R_2^* delimitata da Γ_2'', la semitraiettoria $\gamma^+(P)$ sia contenuta in R_2^*.

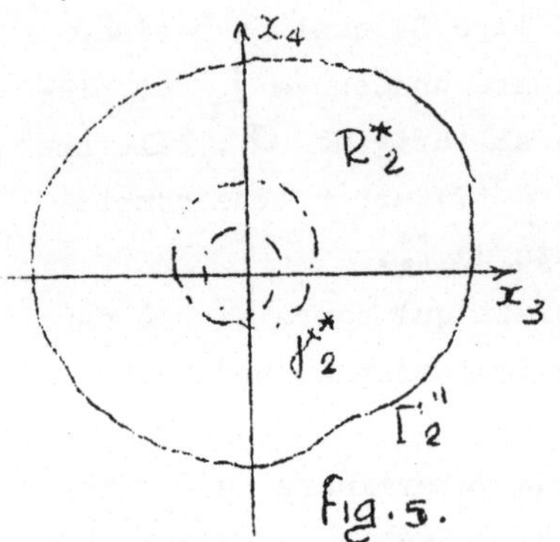

Sia $\left| \bar{\bar{y}} \right|$ il massimo valore di $\left| y \right|$ in R_2^*.

Se succede che $m\left| \bar{y} \right| < \frac{1}{3}$, ciò accadrà se il prodotto m n è sufficientemente piccolo, allora una generica soluzione del sistema 7) soddisfacente a condizioni iniziali tali che il punto $P_1 \equiv (x_1^o, x_2^o)$ appartenga a R_1^* ed il punto $P_2 \equiv (x_3^o, x_4^o)$ appartenga a R_2^*, è tale che in relazione ad essa ne P_1 esce da R_1^* ne P_2 da R_2^*. Sia R^* la regione dell'S_4 (x_1, x_2, x_3, x_4) prodotto topologico di R_1^* ed R_2^*, cioè determinato dalle coppie di punti $P_1 \in R_1^*$, $P_2 \in R_2^*$ si può anche dire che la generica traiettoria che abbia un punto P in comune con R^*, ha con questa regione in comune la semitraiettoria $\gamma^+(P)$. Non occorrerà ripetere più a lungo che R^* è della forma che abbiamo detta toroidale.

Per provare l'esistenza di una soluzione periodica occorre ancora considerare che se P_1 è sul segmento AB, ovunque sia P_2 in R_2^* la traiettoria relativa al punto $P \equiv (P_1, P_2)$ di R^*, passa al crescere di t dal semispazio $x_2 < 0$, al semispazio $x_2 > 0$ (cio si controlla agevolmente nel sistema 4) tenuto conto che $x_A > \frac{1}{3}$).

Si sezioni ora R^* con il semiiperpiano $x_2 = 0$, $x_1 \geqslant 0$. La sezione è una tricella C_3^* prodotto topologico del segmento AB per la bicella R_2^*. Essa è priva di contatto per l'osservazione fatta più sopra.

Tenuto conto ora che in R^* non vi sono punti singolari per il sistema 7) si riesce facilmente a stabilire che la traiettoria che esce da un generico punto P di C_3^* riattraversa C_3^* in un punto P'. Tanto basta per concludere con l'esistenza di un ciclo, in base a quanto abbiamo detto più sopra.

Vogliamo osservare che la rappresentazione del ciclo sui piani (x_1,x_2), (x_3,x_4) è costituto da due curve chiuse di cui, quel la γ_1^* giacente sul piano (x_1,x_2), è semplice chiusa e concatenata con la regione R_1^* (vedi fig.1), l'altra, giacente sul piano (x_3,x_4), può essere molto complessa.

Se il prodotto m·n è tanto piccolo da poter invertire il ragionamento cambiando il ruolo giocato dalle due equazioni del sistema 5) si riuscirà a provare l'esistenza di una soluzione periodica in relazione alla quale il ciclo che la rappresenta nel piano (x_3,x_4) è una curva semplice chiusa concatenata con la regio ne R_2^* che ora è una corona circolare, mentre il ciclo che la rappresenta nel piano (x_1,x_2) più essere una curva chiusa semples sa.

Supponiamo dunque che il prodotto m·n sia tanto piccolo per modo che sia possibile determinare una regione ρ_1^* del piano (x_1,x_2) ed una regione ρ_2^* del piano (x_3,x_4) tutte e due del tipo della corona circolare (fig.3) tali che una generica traiettoria del sistema 5) che parta da un punto P della regione C^* di S_4 ottenuta come prodotto di ρ_1^* per ρ_2^*, resti sempre in C^*.

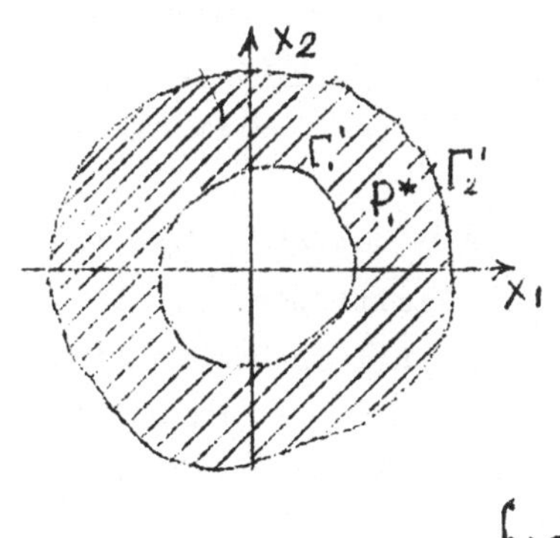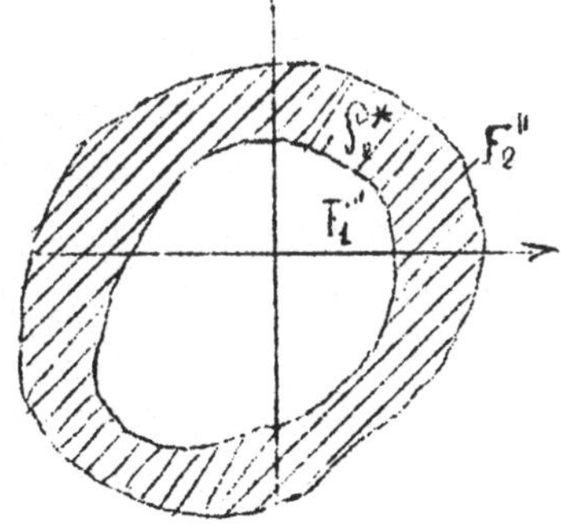

fig. 6

Allora certamente esiste un ciclo che denoteremo con p_1, la cui proiezione sul piano (x_1,x_2) è una curva semplice chiusa, concatenata con ς_1^* ed esiste un ciclo che denoteremo con p_2 le cui proiezioni sul piano (x_3,x_4) è una curva semplice concatenata con ς_2^*.

Siano Γ_1', Γ_2', (Γ_1'', Γ_2'') i contorni interni ed esterni di ς_1^* (ς_2^*).

Se si potesse provare che la proiezione di p_1 sul piano (x_3,x_4) ha qualche punto in comune con la regione finita delimitata da Γ_1'' o che la proiezione di p_2 sul piano (x_1,x_2) ha qualche punto in comune con la regione finita del piano delimitata da Γ_1', risulterebbe provato che effettivamente si hanno due cicli distinti.

La stessa cosa si riesce in effetto a provare per altra via, in un caso abbastanza generale con un ragionamento del tipo deguente.

Si faccia prima la seguente osservazione che mi risulta anche nuova:

Una generica soluzione dell'equazione 6), ove $\left| \varepsilon (t) \right| < \frac{1}{3}$, $\alpha > \alpha_o$, che esce da un generico punto di AB, rincontra AB dopo un tempo γ che è limitato superiormente ed inferiormente da due numeri τ_1, τ_2 .

Questa osservazione mentre fornisce un criterio per stabilire, nel caso in cui e(t) è periodica e di periodo T più piccolo di τ_1, di un minimo (uguale alla parte interna di $\frac{\tau_1}{T}$ aumentata di 1) delle possibili soluzioni sottoarmoniche <u>stabili</u>, permette nel nostro caso specifico di dare un criterio per l'esistenza di due cicli distinti per il nostro sistema.

Siano infatti τ_1', τ_2' i limiti inferiori e superiori del possibile periodo di p_1 e τ_1'', τ_2'' gli analoghi limiti per p_2. Se gli intervalli (τ_1', τ_2'),(τ_1'', τ_2'') sono privi di punti in comune risulta provato l'assesto perchè non è possibile che la proiezione di p su (x_3,x_4) sia contenuta in ς_2^*, come non è possibile che la proiezione di p_2 su (x_1, x_2) sia contenuta in ρ_1^* .

Si consideri ancora l'equazione 6) con e(t) periodica di periodo T, si ha che se T ed e(t) sono sufficientemente piccoli, la soluzione periodica di periodô T (che certamente esiste) è anche certamente instabile (vedi seminario del Prof. Graffi). Per una tale equazione sono eventualmente stabiliile sottoarmoniche di un opportuno ordine le cui rappresentazioni cadono sulla corona circolare, come abbiamo già rilevato più sopra.

In base a queste osservazioni è da concludere che sono instabili le soluzioni periodiche p_1, p_2, nel caso considerato più sopra che gli intervalli (τ_1', τ_1');(τ_1'', τ_2'') non abbiano punti in comune . Diviene ora naturale chiedersi come si muoverà il sistema dato che le soluzioni periodiche trovate, almeno in certi casi, appaiono instabili. Ciò certamente succede per esempio quand si è in presenza di due sistemi autonomi, fortemente non lineari a frequenze notevolmente diverse, debolmente accoppiati.

A questo proposito sono riuscito a provare in relazione al sistema 5) il seguente teorema: [9]

Siano m ed n sufficientemente piccoli, (l'ordine di piccolezza viene precisato); si può allora determinare nell'S_4 una varietà $\mathcal{V}$, di ∞^1 traiettorie rappresentabili sopra una superficie torica dell'S_3, (che si possono cioè pensare come le soluzioni di una te equazione differenziale sulla superficie del toro), asintoticamente stabili rispetto alle traiettorie che non appartengono alla varietà stessa e relative a condizioni iniziali sufficientemente prossime a quelle relative ad una soluzione che appartenga alla varietà.

Il sistema ih questo caso si muove compiendo oscillazioni qu si periodiche o se periodiche con periodi in generale più elevati dei periodi dei due sistemi non-lineari ad un grado di libertà descritti dalle due equazioni che si ottengono dal sistema 5) ponendo $\dot{m} = n = o$.

Può darsi. per esempio che il sistema si muova secondo un ciclo la cui proiezione nel piano (x_1, x_2) è una curva chiusa tripli-
camente concatenata con ϱ_1^* e la proiezione su (x_3, x_4) è una curva
chiusa doppiamente concatenata con ϱ_2^* .

Resta quindi da esaminare il caso di stretto accoppiamento.
Rilevato fin d'ora che le considerazioni finora fatte , e le conse-
guenze tratte non valgono più in generale, passiamo ora a trattare
il sistema 5) da un punto di vista generale che non richiede alcuna ipotesi restrittiva.

3. - Nella ricerca che da tanto tempo, saltuariamente ma con una
certa ostinazione, perseguo, in relazione al caso generale, sono
giunto a considerazioni che non mi sembrano prive di interesse e
che desidero ora esporre rilevando fin d'ora che non ritengo di
aver ultimata tale ricerca.

Sempre con riferimento, per ragioni di semplicità, al sistema
5), non è difficile intuire come sia possibile determinare nello
spazio S_4, due tali ipersuperficie chiuse che denoteremo con I_1,
ed I_2 (del tipo della ipersfera) tali che I_1 sia completamente
interna alla regione finita di S_4 delimitata da I_2 e tali che le
curve integrali, orientate, che passano per un generico punto di
I_1, I_2 penetrano nella regione che denoteremo con W esterna ad I_1
ed interna ad I_2. Occorre rilevare subito che in W non cadono punti singolari per il sistema in discorso.

La regione W e, come è ben noto, aciclica, ed ammette trasformazioni topologiche in se prive di elementi uniti. E' aciclica
come la regione compresa tra due sfere concentriche dell'S_3, ed
ammette trasformazioni topologiche in se prive di punti uniti come
il toro dell'S_3.

Si consideri la trasformazione $\mathcal{C}_T$ di W in se che si ottiene
associando a ciascun suo punto P_0 il punto $P(T)$ essendo $P(t)$ una
generica soluzione del sistema 5) soddisfacente alla $P(o) = P_0$ e T
un fissato valore di t.

Questa trasformazione è omotopa all'identità e muta W in una sua parte. Essa dipende con continuità da T; denoteremo con D_T l'insieme invariante massimo rispetto a $\mathcal{C}_T$.

Consideriamo la successione di ipersuperficie $\mathcal{C}_{nT}(J_1) = \mathcal{C}_T^n(I_1)$. Queste ipersuperficie chiuse tutte regolari come I_1, godono della proprietà che ciascuna di esse delimita una règio-ne finita dell'S_4 che contiene tutte le precedenti. Analogamen-te la successione di ipersuperficie $\mathcal{C}_{nT}(I_2) = \mathcal{C}_T^n(I_2)$, tutte re-golari come I_2, gode della proprietà che la generica $\mathcal{C}_T^n(I_2)$ è completamente interna alla regione finita dell'S_4 delimitata dal-le precedenti. Se P è un generico punto di $I_1(I_2)$ la successio-ne $\mathcal{C}_T^n(P)$ tenta ad un punto della frontiera $F(D_T)$ di D_T. Il do-minio invariante D_T viene così ad avere in generale due frontie-re, l'una interna $F_1(D_T)$, luogo dei punti limiti delle successio-ni $\mathcal{C}_T^n(P)$, ove P è un punto di I_1, e l'altra esterna $F_2(D_T)$ luog. dei punti limiti delle successioni $\mathcal{C}_T^n(P)$ ove P è un punto di I.

Queste due frontiere possono pensarsi come le configurazio-ni limiti delle due successioni di ipersuperficie $\mathcal{C}_T^n(I_1)$ e $\mathcal{C}_T^n(I_2)$.

$F_1(D_T)$ ed $F_2(D_T)$ possono ovviamente coincidere ma in generale che coincidano o no, esse potranno non essere regolari.

Si vede ora facilmente che $F_1(D_T)$ ed analogamente $F_2(D_T)$ non dipendono da T. Basta all'uopo considerare la nuova succes-sione $\mathcal{C}_{T'}^n(I_1)$ ed osservare che per ogni n si possono sempre tro-vare 2 numeri p,q tali che risulti

$$n\,T' < pT \quad , \quad nT < qT'.$$

Ora poiché la $\mathcal{C}_T(I_1)\left[\mathcal{C}_{T'}(I_1)\right]$ delimita una regione finita dell'S_4 che contiene tutte le $\mathcal{C}_T^n(I_1)\left[\mathcal{C}_{T'}^n(I_1)\right]$ se $T > T'$ [se $T < $ questo basta per assicurare che le due successioni $\mathcal{C}_T^n(I_1)$, $\mathcal{C}_{T'}^n(I_1)$ tendono tutte e due ad $F_1(D_T)$ che d'ora in poi denoteremo con $F(D)$

Analogamente per $F_2(D_T)$ che denoteremo con $F_2(D)$.

Dunque D_T non dipende da T (perciò porremo $D_T=D$) ed invariante, rispetto ad una qualunque $\mathcal{C}_T$, è anche la sua frontiera: cioè in ogni $\mathcal{C}_T$, un punto di $F_1(D)$ si trasforma in un altro punto della stessa $F_1(D)$ e così per $F_2(D)$.

Possiamo in base a ciò concludere che $F_1(D)\left[F_2(D)\right]$ è un continuo tridimensionale frontiera di una 4-cella dell'S_4 tale che ogni traiettoria 5) che ha un punto in comune con $F_1(D)\left[F_2(D)\right]$ giace tutta su $F_1(D)\left[F_2(D)\right]$.

Ogni traiettoria che inizi da punti di I_1, e quindi corrispondente a condizioni iniziali sufficientemente prossime all'origine $\mathcal{O}$ (posizione di equilibrio instabile) tende più o meno rapidamente ad avvicinarsi ad $F_1(D)$ e così ogni traiettoria relativa a condizioni iniziali sufficientemente lontani dall'origine tende ad avvicinarsi ad $F_2(D)$.

Se $F_1(D)$ fosse regolare, lo studio del comportamento asintotico si ridurrebbe ad un problema interessantissimo di topologia e che è stato recentemente affrontato da autorevoli cultori di questa materia.

Alludo al problema dello studio delle curve integrali di un campo continuo di vettori, in nessun punto nulli, sopra la ipersfera dell'S_4, la possibilità dell'esistenza di un tale campo essendo assicurata dall'annullarsi della caratteristica di Eulero per questa varietà.

Il signor Seifert ha provato in una sua recente ricerca [10] l'esistenza di almeno un ciclo per un tale campo vettoriale quando le traiettorie si scostano sufficientemente poco da quelle relative ad un campo di vettori paralleli di Clifford, cioè quando il sistema 4) differisce di sufficientemente poco dal seguente:

$$\frac{d x_1}{d t} = - x_2 \,, \qquad \frac{d x_2}{d t} = x_1 \,, \qquad \frac{d x_3}{d t} = - x_4 \,, \qquad \frac{d x_4}{d t} = x_3$$

Poichè la proprietà è certamente connessa con le caratteristi-

che topologiche della ipersfera dell'S_4 mi pare che ciò dovrebbe
essere vero in generale.

Se ciò fosse, la regolarità di $F_1(D)$ porterebbe come conseguenza l'esistenza di almeno un ciclo.

Ma che $F_1(D)$ come $F_2(D)$ sia regolare è un'ipotesi non solo
gratuita ma forse raramente verificata pei sistemi del tipo di 5).

Abbiamo dovuto abbandonare l'idea di proseguire la ricerca
in questa direzione sebbene l'intuizione ci riportasse ripetuta-
mente su questa via, anche partendo da punti diversi.

Non volendo, come è giusto, fare ipotesi gratuite, cosa altro
si può dire di una generica traiettoria corrispondente a condizioni, iniziali sufficientemente prossime all'origine?

Consideriamo all'uopo una generica traiettoria $\gamma(P)$ uscente da un generico punto P interno alla regione finita delimitata da
I_1; il suo insieme limite positivo Γ^+ [11] appartiene ovviamente ad $F_1(D)$. Sia P° un punto di questo insieme e γ_0 la traiettoria
passante per P°. Sull'iperpiano $\pi^°$, per P°, normale al vetto-
re $\underline{X}(P_0)$, di componenti X_i, consideriamo un intorno $\mathcal{J}_0$ sufficientemente piccolo, in modo che $\pi^°$ sia un iperpiano di sezione per
tutte le traiettorie che passano per i punti di $\mathcal{J}_0$. Ciò è pos-
sibile perchè $|\underline{X}(P°)|$ è non nullo e continuo. Consideriamo ora
un τ sufficientemente piccolo per modo che $\mathcal{C}_\tau(\mathcal{J}_0)$ e $\mathcal{C}_{-\tau}(\mathcal{J}_0)$
non abbiano punti in comune. Le traiettorie che escono all'istan-
te $-\tau$ dai punti di $\mathcal{C}_{-\tau}(\mathcal{J}_0)$ riempiono una 4-cella di S_4 intorno
di P° che gode della proprietà che per ogni suo punto P passa un
arco a(P) di traiettoria i cui estremi giacciono su $\mathcal{C}_{-\tau}(\mathcal{J}_0)$ e
$\mathcal{C}_\tau(\mathcal{J}_0)$. In corrispondenza ad ogni arco il punto P(t) che lo
descrive impiega il tempo 2τ a passare da un estremo all'altro.

Poichè P° è un punto di accumulazione di punti di γ non appartenenti a γ, di γ farà parte una successione di archi che denoteremo con $a_1, a_2, \ldots, a_n, \ldots$ (ordinati nel senso in cui sono percorsi dal punto che descrive γ) le cui traccie su $\mathcal{J}_0$ costituisco-

no una successione di punti $P_1, P_2, P_3, \ldots, P_n, \ldots$ che hanno come punti di accumulazione P^o. Denotato con t_i l'istante in cui $P(t)$ transita per P_i, la successione $t_1, t_2, \ldots t_n$, è una successione tale che l'estremo inferiore delle differenze di due qualsiasi termini è maggiore di 2τ.

Poichè $\mathcal{T}_o$ è arbitrariamente piccolo resta con ciò provato che $P(t)$ passa, descrivendo γ in una successione di istanti che tende a $+\infty$, in un intorno comunque piccolo di P^o cioè che il sistema assume configurazioni comunque prossime alla configurazione relativa e P^o infinite volte in questa successione di istanti tendenti a $+\infty$.

Poichè tutta la traiettoria per P^o fa parte di Γ^+ ciò si può ripetere per ogni suo punto.

Questo è quasi tutto ciò che con i mezzi a mia disposizione sono riuscito a provare con precisione fin'ora, e forse è poco, ma allo stato attuale delle ricerche penso che per questa via non sarà facile poter dire molto di più se non si vuol ricadere nei metodi di perturbazione.

Concluderemo questo studio in grande dei sistemi autonomi facendo rilevare che in tutta questa nostra trattazione intenzionalmente non abbiamo usato i metodi di perturbazione. Il metodo delle perturbazioni è stato oggetto di notevoli studi ed applicazioni in questi ultimi decenni anche per i sistemi autonomi in due gradi di libertà.

Lo studio in grande degli stessi sistemi mi pare non sia stato affrontato che nel mio lavoro del 1950 e nel corso di questa conferenza.

Quì di seguito dopo le note del presente lavoro, è riportato un elenco che riputiamo abbastanza completo delle ricerche nel campo delle vibrazioni non-lineari in due gradi di libertà.

N O T E

(1) H.POINCARE' - Oeuvres I. (Paris Gauthier-Villars 1928)
        p;197 e seg.

(2) G.COLOMBO - Sull'equazione differenziale non-lineare del ter-
        zo-ordine di un circuito oscillante triodico.
        Rend.Sem.Mat.Padova Anno XIX,1950, 114-140.

(3) H.POINCARE' - ibidem p.167.

(4) N.LEVINSON - Trasformation theory of non-linear differential
        equation of the second order.
        "Ann.ofMath." v.45, 1954, pp.723.

(5) I.L.MASSERA - The number of subarmonics solutions etc.
        Ann. of.Math.,60,2949, pp.118-126.

(6) M.L.CARTWRIGHT - Forced oscillations in non-linear systems.
        Contr. to the theory of non-linear oscilla-
        tions, edited by S.Lefschetz, Princeton Un.
        Press 1950, pp.149-241.

(7) L.AMERIO - Varietà analitiche chiuse trasformate in se da
        sistemi differenziali periodici.
        Annali di Mat. pura ed appl. S. IV,Tomo XXXVII (195
        pp.220-248.

(8) H.POINCARE' - ibidem 137; A. DENJOY, Journal de Math. (9)11,
        (1932), pp.333-375.

(9) G.COLOMBO - Sulle oscillazioni non-lineari in due gradi di
        libertà.
        Rend.Sem.Mat.Padova Anno XIX, 414-441.

(10) E' in corso di redazione un lavoro mio su questo argomento.

(11) - H.SEIFERT - Closed integral curves in 3-spaces etc. Proc.
        of the Am.Math.Society volume I, numero 3,
        June,1950,p.300.

(12) S.LEFSCHETZ - Lectur on differential equations. An.of.Math.
        Stud. n.14, p.162.

Elenco delle ricerche sui sistemi non-lineari a due gradi di
libertà.

Abbiamo suddiviso per comodità le ricerche nei seguenti quattro
gruppi:

a) Ricerche di carattere generale sulle oscillazioni libere.

b)   Ricerche di carattere generale sulle oscillazioni forzate.

c)   Ricerche coi metodi di approssimazione nel campo delle oscillazioni libere.

d)   Ricerche coi metodi di approssimazione nel campo delle oscillazioni forzate.

a) G.COLOMBO - **Sulle oscillazioni non lineari in due gradi di li-
                bertà.   Rend.Sem.Mat.Padova Anno XIX, 414-441.**

   D.GRAFFI - **Sul periodo delle oscillazioni non-lineari a due
                gradi di libertà. Mem.Acc.Scienze dell'Istituto di
                Bologna Serie X, Tomo IX, 1951-52 pp.17-22.**

   D.GRAFFI - **Sur la periode d'oscillation des systemes non linéa-
                res a deux degrés de liberté. Actes du Colloque Inte
                national des vibrations non-lineares (Porquerolles
                1951) pp.189-194.**

   A.DE CASTRO - **Sulle oscillazioni non lineari in uno o più gradi
                di libertà. Rend.Sem.Mat.Un.Padova XXII pp.294-304**

b) D.GRAFFI - **Forced oscillations for several non linear circuits
                Ann. of Math. vol.54,N.3,September,1951 p.262-271.**

   D.GRAFFI - **Sulle oscillazioni forzate nei sistemi non lineari
                a due gradi di libertà. Rend.Acc.Lincei, Serie VIII.
                vol.XVI,fasc.2,1954 pp.176-180.**

   R.CACCIOPPOLI - A.GHIZZETTI - **Ricerche asintotiche per una clas-
                se di sistemi di equazioni differenziali ordinarie
                non-lineari. Atti Reale Acc.d'Italia S.VII,Vol.III°,
                fasc.9,1952 p.493-501.**

   J.L.MASSERA - **The existence of periodic solutions of systems of
                differential equations. Duke Mat. 17,pp.457-476.
                (1950).**

   J.L.MASSERA - **Observaciones sobre las soluciones periodicas
                de ecuaciones differenciales. Bol.Fac.Ing.Montevi-
                deo, Publ. Inst. Mat.y Estadistica. Vol.II° N°2,
                pp.43-55, 1950.**

   S.MIZOHATA - **On the existence of systems of periodic solutions
                for several non-linear circuits. Mem.Coll.Sc.Un.
                Kyoto, S.A.pp.115-121 (1952).**

   G.AYMERICH - **Sulle oscillazioni forzate di due circuiti elet-
                trici non lineari con accoppiamento induttivo e
                capacitivo. Atti Sem.Mat.Modena V pp.83-89(1950-5**

G.AYMERICH - Oscillazioni forzate periodiche di sistemi non
            lineari a due gradi di libertà. ibidem pp.165-177.

c) B.VAN DER POL - On oscillation hysteresis in a triode genera-
                tor urth two degrees of greedom. Phil.Mag.
                XLIII (1922) p.700.

G.COLOMBO - Sopra un sistema non lineare in due gradi di liber-
            tà. Rend. Sem.Mat.Un.Padova XXI(1952) 64-98.

G.COLOMBO - Sopra un genomeno di sintesi oscillatoria. Rend.
            Sem.Mat.Un.Padova XXI (1952)370-382.

M.E.ZABOTINSKII - Auto oscillating systems with two degrees
            of freedom in the case of multiple frequencies
            Akad.Nauk SSSR Zhurnal Eksper.Teor.Fiz.20; 421-426
            1950.

A. ANDRONOV et A.WITT - Sur la theorie mathématique des
            systèmes auto-oscillatoires à deux degrés de liber-
            te. Journal of thechnical Physics USSR 1934 .

A.MAYER - ibidem 1935.

N.MINORSKY - Sur les systèmes à deux degrés de liberté. R.Acc.
            Sc.Paris t.238 N.6 (1954) pp.646-647.

B.V.BULGAKOV - Periodic process in free pseudo-linear oscilla-
            tory systems. J.Franklin Institute 235, 591-616
            (1943).

B.V.BULGAKOV - On the application of the method of Van der Pol
            to pseudo-linear systems with many degree of
            freedom. Akad. Nauk. U.R.S.S. Prekl.Mat.Mech.
            6,395-410.

G.REEB - Sur les solutions périodiques des certains systèmes
            différentielles perturbés. Canadian Journal of Math.
            vol.III 1951 p.339-361.

D.GRAFFI - Sull'espressione delle soluzioni periodiche nei
            sistemi non-lineari a due gradi di libertà. Memorie
            Acc.Scienze dell'Istituto di Bologna Serie X-TomoX
            (1952-53) pp.39-45.

G.AYMERICH - (Note citate alla fine della conferenza di questo
            autore) pubblicata in questo volume).

d) N.V.BUTENIN - On the theory of forced oscillations in a non-li
            near mechanical systems with two degrees of freedom
            Akad.Nauk.SSSR.Prikl Mat.Mech.13,333-348(1949).

J.HAAG - Sur la synchronisation des systèmes a plausienrs
            degrées de liberté. Annales de l'école Normale Superio
            re   Serie III, T.64,(1947) fasc.4,pp.285-338.

<u>**R** O B E R T O</u>   <u>C O N T I</u>

<u>STUDIO DI UN SISTEMA PIANO AUTONOMO NON LINEARE</u>
<u>DIPENDENTE DA UN PARAMETRO.-</u>

R o m a - Istituto Matematico - R o m a

1954

R. Conti

<u>STUDIO DI UN SISTEMA PIANO AUTONOMO NON LINEARE</u>
<u>DIPENDENTE DA UN PARAMETRO.</u>

Facendo uso di metodi grafici <u>T.Uno</u> ed <u>R.Yokomi</u>[1] hanno studiato l'equazione differenziale del 1° ordine:

$$(A) \qquad \frac{dy}{dx} = \frac{-xy}{y^2 - (x+1)\left[(x-1)^2 + \lambda\right]}$$

o, ciò che è lo stesso, le caratteristiche del sistema autonomo ($\dot{x} = dx/dt, \dot{y} = dy/dt$):

$$(B) \qquad \begin{cases} \dot{x} = y^2 - (x+1)\left[(x-1)^2 + \lambda\right] , \\ \dot{y} = -xy \end{cases}$$

in relazione all'esistenza di cicli.

Per le caratteristiche di (B) si presenta un fenomeno che, quantunque noto[2], non può dirsi completamente studiato: attraversando un valore critico del parametro λ (precisamente il valore $\lambda = 0$) la struttura delle caratteristiche si altera bruscamente e da un certo insieme (costituito da punti singolari e separatrici che li uniscono) sorge un ciclo.

Per il sistema (B) questo fenomeno è stato recentemente studiato in dettaglio dal Prof. <u>G. Sansone</u> e da me, in un lavoro degli "Annali di Matematica"[3]; ad esso rimando

(1) <u>T.Uno-R.Yokomi</u>, On some mode of appearance of limit cycles, Math. Japonicae, 2 (1952), pp. 117-118;

(2) Ved. ad es.:<u>A.A.Andrenow-C.E.Chaikin</u>,Theory of oscillations, edited by <u>S. Lefschetz</u>, Princeton Univ.Press.1949, pp.217 e segg.

(3) <u>G. Sansone-R. Conti</u>, Sull'equazione di T.Uno ed R.Yokomi Ann. di Matem. pura ed appl.,(4)37 (1954),pp. 37-59.

il lettore limitandomi qui a enunciare i risultati principa
li ed a fare alcune considerazioni che permettono di inserire l'argomento in esame tra quelli trattati in questo
Corso particolarmmente dai Proff. <u>G. Sansone</u> ed <u>D. Graffi</u>.

I risultati sono i seguenti:

1) <u>Se</u> $\lambda \leqq 0$, <u>oppure se</u> $1 \leqq \lambda$, <u>allora non esistono cicli;</u>
2) <u>Se</u> $0 < \lambda < 1$ <u>esiste una coppia ed una sola coppia di ci-</u>
<u>cli</u>, <u>posti simmetricamente rispetto all'asse delle x.</u>

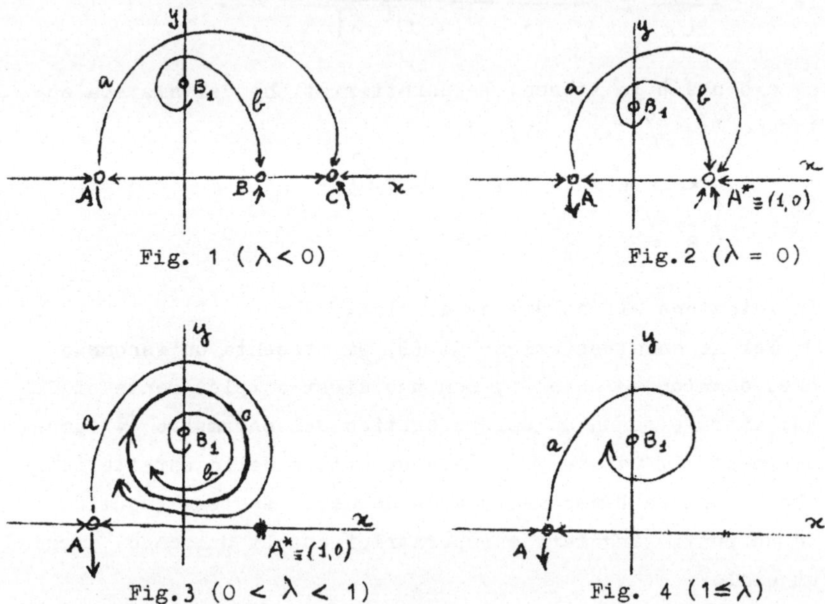

Fig. 1 ($\lambda < 0$)   Fig.2 ($\lambda = 0$)

Fig.3 ($0 < \lambda < 1$)   Fig. 4 ($1 \leqq \lambda$)

Le figure da 1 a 4 illustrano la configurazione delle
caratteristiche singolari (al finito) e delle separatrici
del sistema (B), rispettivamente per $\lambda < 0$ (e prossimo a
zero), per $\lambda = 0$, per $0 < \lambda < 1$ ed infine per $\lambda = 1$ e
$\lambda > 1$ (prossimo ad uno).

Dal confronto delle prime tre figure si può vedere che
il ciclo <u>c</u> (ci si può limitare al semipiano $y \geq 0$) "nasce",

attraverso la fusione dei due punti singolari elementari
$B \equiv (1-\sqrt{-\lambda},0)$, $C \equiv (1+\sqrt{-\lambda},0)$ nell'unico punto $\overset{*}{A} \equiv (1,0)$
(Ved. fig.2) e la loro successiva sparizione (Fig.3), dall-
l'insieme costituito dalle due separatrici $\underline{a}$ e $\underline{b}$, dal punto
to $A \equiv (-1,0)$, dal punto $A^{*} \equiv (1,0)$ e dal segmento aperto di
estremi A,A^{*}. Precisamente:

3) $\underline{Se \ \lambda}$ $\underline{\text{è positivo e sufficientemente prossimo a zero}}$
$\underline{\text{esiste un arco del ciclo } \underline{c} \text{ contenuto in un intorno arbitra}}$
$\underline{\text{riamente piccolo del segmento } AA_{*}^{*}}$

Al crescere del parametro λ il ciclo $\underline{c}$ si "contrae":

4) $\underline{Per \ \lambda < 1}$ $\underline{\text{e sufficientemente prossimo ad uno esistono}}$
$\underline{\text{cicli di diametro arbitrariamente piccolo.}}$

Per $\lambda = 1$ il ciclo "scompare" nel punto $B_{1} \equiv (0, \sqrt{1+\lambda})$ e
non riappare per tutti i $\lambda > 1$.

Si possono fare ora alcune considerazioni.

Mediante la trasformazione

$$(T) \quad \begin{cases} u = x \\ v = y^{2} - (x+1)\left[(x-1)^{2} + \lambda\right] \end{cases}$$

il sistema (B) si muta nel sistema

$$(C) \quad \begin{cases} \dot{u} = v \\ \dot{v} = -\left[3u^{2} - (1-\lambda)\right]v - 2u(u+1)\left[(u-1)^{2} + \lambda\right], \end{cases}$$

che equivale all'equazione

$$(D) \quad \ddot{u} + \left[3u^{2} - (1-\lambda)\right]\dot{u} + 2u(u+1)\left[(u-1)^{2} + \lambda\right] = 0$$

Questa è un'equazione di $\underline{\text{Liénard}}$ generalizzata, del tipo,
cioè

$$(E) \quad \ddot{u} + f(u)\dot{u} + g(u) = 0,$$

frequentemente incontrata in questo Corso(1).

Da quel che precede si ricava allora in particolare che l'equazione (D) ha una ed una sola soluzione periodica se $0 < \lambda < 1$; non ha invece soluzioni periodiche se $\lambda \leqslant 0$, oppure se $\lambda \geqslant 1$.

Si noti che per la (D) non è soddisfatta la condizione

$$u\, g(u) > 0$$

solitamente ammessa negli studi riguardanti le equazioni (E); non sembra perciò evidente la possibilità di ottenere con i metodi usualmente impiegati per la (E) il risultato ora enunciato relativamente alla (D).

Resta aperta la questione se siano realizzabili (almeno in linea teorica) dispositivi (meccanici o elettronici) il funzionamento dei quali sia retto da un'equazione come la (D).

----

(1) Si potrebbe dire anzi che la (D) è del tipo di Van der Pol generalizzata.